四川大学经济学院高水平学术著作（教材）出版基金丛书
SICHUAN DAXUE JINGJI XUEYUAN GAOSHUIPING XUESHU ZHUZUO (JIAOCAI) CHUBAN JIJIN CONGSHU

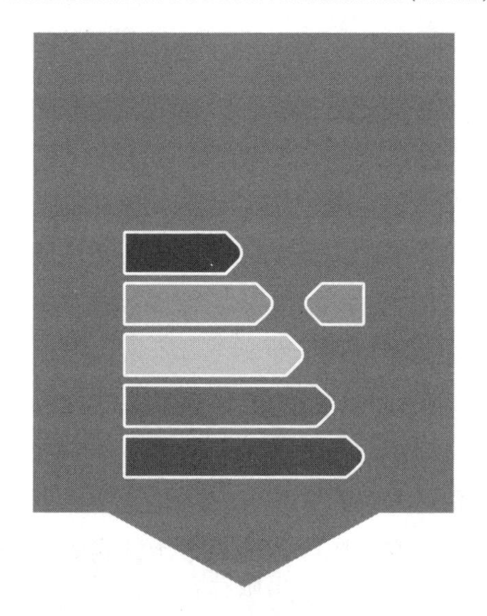

能效标识制度研究
——国际经验与中国的实践

STUDY ON THE ENERGY EFFICIENCY LABEL SYSTEM
—INTERNATIONAL EXPERIENCE AND CHINA'S PRACTICE

饶蕾　严丰◎著

四川大学出版社

项目策划：蒋　玙
责任编辑：蒋　玙
责任校对：唐　飞
封面设计：璞信文化
责任印制：王　炜

图书在版编目(CIP)数据

能效标识制度研究：国际经验与中国的实践 / 饶蕾，严丰著．—成都：四川大学出版社，2019.11
ISBN 978-7-5690-3123-2

Ⅰ.①能… Ⅱ.①饶… ②严… Ⅲ.①节能-标识-制度-研究-中国 Ⅳ.①TK018

中国版本图书馆 CIP 数据核字（2019）第 229818 号

书名　能效标识制度研究——国际经验与中国的实践
NENGXIAO BIAOZHI ZHIDU YANJIU—GUOJI JINGYAN YU ZHONGGUO DE SHIJIAN

著　　者　饶　蕾　严　丰
出　　版　四川大学出版社
地　　址　成都市一环路南一段 24 号 (610065)
发　　行　四川大学出版社
书　　号　ISBN 978-7-5690-3123-2
印前制作　四川胜翔数码印务设计有限公司
印　　刷　成都国图广告印务有限公司
成品尺寸　170 mm×240 mm
印　　张　13.5
字　　数　256 千字
版　　次　2019 年 11 月第 1 版
印　　次　2019 年 11 月第 1 次印刷
定　　价　49.00 元

◆读者邮购本书，请与本社发行科联系。
电话：(028)85408408/(028)85401670/
(028)85408023　邮政编码：610065
◆本社图书如有印装质量问题，请寄回出版社调换。
◆网址：http://press.scu.edu.cn

前　言

全球变暖是当今世界无法回避且亟待解决的问题。政府间气候变化专门委员会（Intergovernmental Panel on Climate Change，IPCC）预计，1990—2100年间全球气温将升高1.4℃～5.8℃。为了防止剧烈的气候变化给人类带来巨大的伤害和不可估量的损失，需要将大气中的温室气体含量稳定在一个适当的水平。从《联合国气候变化框架公约》的《京都议定书》到《巴黎协定》可以看出，全世界正在努力的目标就是在本世纪将全球平均气温上升幅度控制在2℃以内，在全球范围内实施严格的节能减排措施。无论是发达国家还是发展中国家，共同而有区别的责任使世界各国都需要做出自己力所能及的贡献，从而保证地球免遭人类活动和经济发展带来的不良影响。

中国是世界上最大的发展中国家，改革开放以来，中国的经济发展成就有目共睹，然而，与之相伴的能耗和排放的增长，是不可忽视的严峻问题。在全球气候变化治理中，中国需要有大国的担当和责任，虽然压力巨大，但这压力正是中国能效标识制度建立和完善的动力。研究能效标识制度，对中国实现经济社会低碳、绿色、可持续的良性发展有重要的意义。

本书是国家社科课题“低碳经济背景下我国能效标识制度的发展和优化研究”的最终成果，课题研究有机地整合了影响能源效率的各种因素，将计量用能产品的能源耗费、碳排放等能效指标集中化、标准化，通过便于大众识别的直观的形式，在用能产品上粘贴能效标识，规范地向全社会公开，限制低能效产品进入市场，鼓励生产者节能创新，引导消费者选用高能效产品，从而提高社会整体能效水平。

课题负责人饶蕾教授和第一主研严丰副教授负责本书的大纲规划、统稿和部分终稿写作。参加本书终稿写作的还有邵庆龙、郭军杰、何余、曹双双和王泪娟。另外，在课题研究过程中，周佳慧、杨雯萱、卢晓曦、韩光、张丹、朱江华、李世芳、夏子玉等研究生为资料收集、整理和初稿写作做出了很大的贡献。

本书的出版得到了四川大学经济学院高水平学术著作（教材）出版基金的大力支持。各个阶段的评审专家对书稿内容都提出了宝贵的修改意见和建议，在此一并表示衷心的感谢。

由于作者掌握的资料有限，加之水平的局限，书中难免存在不足之处，恳请读者批评指正。

目　录

第1章　导论

1.1　研究背景和意义

能源是人类社会赖以生存的一种基本物资资源，是现代社会经济发展的最基本的驱动力之一。国际能源署（IEA）预测，从2014到2040年，全球的能源需求将会增长近37%。相对目前全球探明的能源储备总量来说，将来很长一段时期，能源的供给形势都相当严峻。① 能源资源长期以来是世界性的短缺资源，制约着世界经济发展。世界经济发展同时，也给地球的生态环境带来巨大影响。联合国政府间气候变化委员会多次发布全球气候变化报告，认为除了自然因素影响外，世界气候变暖，主要是燃烧化石能源等人类经济活动产生的温室气体排放造成的。以二氧化碳为主的巨量废气排放所形成的温室效应，严重地威胁着人类的生存。

在全球经济不断发展的今天，一方面，能源短缺问题越来越严重地制约着各国社会、经济等方面的可持续发展；另一方面，驱动经济增长的能源使用又会带来外部效应，造成环境污染。经济发展如何在提高能源资源利用率的同时，降低对环境的污染，成为世界各国和地区必须要面对的重大问题。由于非化石等清洁新能源的开发与广泛运用，受科技创新技术与能力的制约，在当今世界能源技术无重大创新和突破的相当长的时期内，在现有的自然资源和科技技术条件下，世界各国解决能源短缺的主要方法，仍然是积极改善本国的能源效率，努力提高本国在能源开发、加工、转换、消费与利用等各个过程的效率。

除了自然资源禀赋，人口资源、能源开发与运用技术、经济体制、产业结

① IEA《World Energy Outlook 2014》，2014年.

构、对外开放的程度等因素外，能源管理制度是影响一国能源效率的主要因素之一①。能效标识制度作为能源效率管理的基本制度，是有史以来最有效的将节能效果标准化的制度，是管理者对能源效率信息披露与信息监管的管理制度。分析、研究能效标识制度的建立健全及其有效运行，对缓解能源短缺对经济增长的制约，推动低碳经济发展有十分重大的意义。

1.1.1 研究背景

首先，我国经济增长面临的能源短缺、能效低下问题尤为突出。我国是世界上人口最多而能源资源并不富集的国家，人均能源资源拥有量在世界上处于较低水平。改革开放后近三十年来，我国是全球经济增长最快的国家，能源消费增长速度快于能源生产增长速度，自 1992 年起，国内能源消费总量就超过了能源生产总量。目前，我国是世界能源消费第一大国，由于能源供给低于能源消费的趋势仍在延续，我国也是世界能源进口大国之一。

与此同时，受能源资源禀赋、科学创新技术与能力、长期粗放式经济增长模式以及能源管理体制等因素的影响，与发达国家相比，我国能源效率低下问题更为突出，2013 年我国单位 GDP 能耗是世界平均水平的 2.5 倍，美国的 3.3 倍，日本的 7 倍，同时高于巴西、墨西哥等发展中国家②。

21 世纪初，我国社会经济步入工业化、城市化快速发展阶段，全国人口总数尚未达到预测峰值，能源需求的快速增长的态势，长期内难以改变，能源短缺对我国社会经济发展的制约十分突出，以能源等重要生产要素粗放型投资增长推动社会经济增长的发展模式已经难以持续。

其次，我国粗放式的高能耗的经济增长模式所带来的环境污染与生态破坏十分严重。当今和未来相当长的时期内，煤炭、石油、天然气等化石燃料仍然是世界经济发展所依赖的主要能源，在这种能源消费结构下，化石燃料产生的碳排放量是世界气候变化产生温室效应的首要原因。由于石油、天然气能源消费产生的碳排放量以及环境污染治理成本一般远低于煤炭能源消费，在 20 世纪中叶，世界主要发达国家先后完成了以煤炭为主要能源向以石油、天然气为主要能源的转换，使这些国家在经济发展的同时，污染治理效果显著，生态环

① 袁鹏，程施．我国能源效率的影响因素：文献综述［J］．科学经济社会，2010，28（4）：51—54.

② 中研普华财经（http：//finance.chinairn.com），2013 年 11 月 30 日．

境得到极大的改善。

经过改革开放后三十多年的发展，我国经济高速增长所带来的社会发展举世瞩目。与此同时，受我国能源资源自然禀赋以及能源开发技术的影响，在我国能源消费结构中，煤炭能源消费一直占绝对主导地位。目前我国是世界碳排放大国。尽管我国目前是世界上可再生性清洁能源增长最快的国家，但是，在未来很长一段时期内，以煤炭为主的能源消费结构仍将持续，我国的能源消费长期会处于“高碳”状态，节能减排的压力巨大。① 经济高速增长所伴随的能源等资源的高消耗，使得我国环境污染十分严重，社会生态环境不断恶化，严重阻碍了我国社会经济的可持续性发展，我国必须实现由高碳经济发展模式向低碳经济发展模式的转型。

再次，我国面临国际低碳经济发展竞争博弈的挑战。由于化石能源消费所产生的碳排放，是温室效应形成的主要原因，温室效应所导致的全球气候变化，严重威胁着人类的生存。减少温室气体排放，减缓地球变暖已成为国际共识。早在 20 世纪 70 年代，联合国和有关国际组织就致力于探讨解决世界气候变化问题，相继签署了《联合国气候变化框架公约》《京都议定书》《巴黎协定》等具有国际约束力的法律协议，确立了全球碳减排目标、国际气候谈判原则、碳减排合作机制，并得到了多数国家的积极响应。

大气层是“全球最大的公共资源”，控制气候变化需要世界各国共同努力。由于碳减排涉及各国的战略利益，气候变化和碳排放权已经成为各国政治、经济博弈的焦点。我国正处于工业化、城市化快速发展的时期，与在 19 世纪就完成了工业化的欧盟以及美国、加拿大、澳洲、日本等国相比，我国人口规模、能源消费总量排世界第一，但实施碳减排的基础远远落后于发达国家，我国经济发展面临严峻的挑战。

我国是世界上最大的发展中国家，无论是从自身社会经济发展转型的需求出发，还是基于全人类长远利益和国际责任，都应探索符合我国国情的低碳发展路径，并将其全面融入国家经济社会发展的总战略。

2015 年 11 月 30 日，我国国家主席习近平在气候变化巴黎大会开幕式上向世界承诺：中国“将于 2030 年左右使二氧化碳排放达到峰值，并争取尽早实现 2030 年单位国内生产总值二氧化碳排放比 2005 年下降 60％～65％，非化石能源占一次能源消费比重达到 20％左右，森林蓄积量比 2005 年增加 45 亿

① 任力．低碳经济与中国经济可持续发展［J］．社会科学家，2009（2）：47－50.

立方米左右。”①

1.1.2 研究意义

作为能效管理制度重要组成部分的能源标识制度，通过管理者管理目标的选择、组织机构的构架、管理原则与制度的建立、运行机制的安排等一系列的活动，将影响能源效率的各种因素有机地整合起来，将计量社会用能产品的能源耗费等能源效率指标集中化、标准化，以便于大众识别的直观形式，对用能产品进行能效标识粘贴，规范化地向全社会公示限制入市产品、获准入市产品的不同能效等级等信息，鼓励生产者节能创新、节能减排，引导消费者选用高能效的产品，从而提高社会整体能效水平，实现社会低碳、绿色、环保、可持续的经济发展。

20 世纪 80 年代以来，能源效率标识制度作为能效管理的基本制度，是欧美发达国家乃至全世界多数国家，提高能源利用和节约能源的通行做法。据国际能源署（IEA）统计，目前世界上东南亚国家、欧盟，以及美国、加拿大、澳大利亚、巴西、日本、韩国、中国等多个国家和地区，先后实施了能源效率标识制度。能效标识制度的实施，提高了用能设备能源效率，减缓了温室气体排放。

2005 年 3 月，我国正式实施能效标识制度，至 2015 年，我国能效标识已覆盖 33 类用电产品，有 9000 余家企业和 900 余家检测机构参与，98%的消费者见识过能效标识，提升了消费者的节能意识，取得了超过 4419 亿度电的节能成效。②

与发达国家相比，我国能效标识制度起步较晚，其发展仍处于初级阶段。目前，我国能效标识制度有效运行的效果比较落后，主要表现为以下两个方面：

第一，目前我国实施的能效标识制度覆盖面有限，与我国提高社会整体能效水平，实现社会低碳、绿色、环保、可持续的经济发展战略要求存在不小差距。目前我国能效标识制度主要涉及终端家电用能产品、汽车与建筑行业等用能产品，尚未正式纳入现行能效标识制度的用能产品的能效管理存在信息

① 中华人民共和国主席习近平，在气候变化巴黎大会开幕式上的讲话“携手构建合作共赢、公平合理的气候变化治理机制”，新华网，2015－12－01.

② 国家发展和改革委员会资源节约和环境保护司、国家质量监督检验检疫总局计量司 2015 年 6 月编制的内部报告《2005—2015 中国能效标识制度实施十周年报告》.

盲区。

第二，我国已经实施能效标识制度的家电领域，仍然存在许多问题。我国最早实施能效标识制度是家用及普通电器，但只对进入国家发布的《中华人民共和国实行能源效率标识的产品目录》的产品实施了强制性能效标识，其余的采用自愿性的能效标识管理，家电能效市场准入的水平低于欧美等发达国家，而且对使用范围广、能耗高、污染重的办公电器尚未全面实施有能效标识管理。在汽车领域，到 2015 年，经过三次能效标准的提升，汽车油耗标准从每百公里 8 升降低到 7 升，但与发达国家相比，我国汽车能效标准仍较为落后，远远不能满足我国经济的快速增长和对节能的要求。据测算，我国主要用能产品单位能耗比国外先进水平高 40%；燃煤工业锅炉平均热效率为 55%～70%，风机水泵系统效率仅为 30%～40%，而国外先进水平分别为 80%和 70%以上。

我国能效制度的建立健全与有效实施的状况，与发达国家相比存在很大差距，也滞后于我国社会经济可持续发展战略转型的推进进程，因此对我国现行能效标识制度进行深入系统地分析，揭示其存在的问题及其原因，对优化我国能效标识制度意义重大。

首先，有利于发挥市场调节机制的作用，促进社会资源分配的合理性、有效性，整体提高我国能效水平，缓解我国能源短缺的现状，促进我国持续经济发展。通过完善与优化现有能效标识制度，可以逐步消除能效管理信息盲区，有效地扫除高效节能产品推广面临的市场障碍，推动社会节能技术的创新，促进我国战略性新兴产业发展和产业结构调整，减少绿色壁垒的阻碍，提高我国制造产品的国际竞争力，使先进节能技术的开发与应用、高效节能产品的生产和消费成为我国新的经济增长点。

其次，有利于总体改善我国生态环境质量，促进我国低碳绿色经济的发展。优化现有能效标识制度，有利于在提高我国能效整体水平的同时，逐步形成有效的惩治、限制环境污染和破坏生态的长效机制，遏制粗放式经济增长模式所带来的环境污染，鼓励绿色、低碳生产方式和生活方式的形成，有利于良好生态环境的恢复，推进资源节约型、环境友好型社会的形成。

最后，有利于加强全球气候治理的国际合作，提升我国在世界政治经济中的地位。作为联合国安理会常任理事国成员国的中国，是世界第二大经济实体，是世界发展中国家能耗之首。在借鉴世界先进国家经验的基础上，针对我国国情，对现行能效标识制度的完善和优化，可以加强节能减排方面的国际合作，缩短我国与发达国家的差距，提高我国在国际能源领域的话语权和影响力。与此同时，我国在推进实现“国家自主贡献”减排目标的进程中，可在世界范围内对其他发展中国家起到影响和示范效应，从而对世界社会经济发展起到积极与重要的作用。

1.2 国内外文献综述

1.2.1 国外文献综述

对于能效标识制度的研究，起步于20世纪中后期。1973—1974年的石油危机，引发了国际对能源合理使用的广泛讨论，国外学者早期研究主要集中在能效标识相关概念及其对经济增长的影响分析上，之后研究重点转到耗能行业的能效标识制度及其实施存在的问题、能源标识制度对世界贸易秩序的影响上。随着我国经济的崛起，国外学者对我国能源标识制度的研究也有一些成果。

1.2.1.1 能效标识及其影响因素、能效对经济增长的影响

能效概念的提出至今只有30年时间，目前广泛使用的定义是：能源效率是一个比值，即“能源效率 = 某一生产过程的有用产出 / 该生产过程的能源投入”，能效体现了实现一定产值与需要的能源投入量之间的关系①。

Bosseboeuf D等②（1997）认为，经济上的能源效率，是通过使用相同甚至更少的能源投入，获得更多产出以提高生活质量的方法。T. M. I. Mahlia等③（2002）则认为，能效理论还处于发展之中，不同行业适用的能效理论存在差异，通过对欧美国家数据的分析研究，他们总结出一套适用于家电行业的能效理论基础。

Stephen Wiel等④（2006）深入探讨了能效标准及标识给国家带来的利益

① 王庆一. 中国的能源效率及国际比较（上）[J]. 节能与环保，2003（9）：11-14.

② Bosseboeuf D，Chateau B，Lapillonne B. Cross - country Comparison on energy efficiency Indicators：the on-going European effort towards a common methodology [J]. Energy Policy，1997，25（9）：673-684.

③ Mahlia T M I，Masjuki H H，Choudhury I A. A theory on energy efficiency standards and labels [J]. Energy Conversion and Management，2002，43（6）：1985-1997.

④ Stephen W，Christine E，Cava D M. Energy efficiency standards and labels provide a solid foundation for economic growth，climate change mitigation，and regional trade [J]. Energy for Sustainable Development，2006，10（3）：54-63.

和影响、如何选择使用能效标识的产品、在能效管理上如何建立国家间的经济合作等。

1.2.1.2　家电行业能效标识制度的研究

T. M. I. Mahlia，R. Saidur[①]（2010）认为，家电能效研究应该以大型家电为主要研究对象，首先确定能效等级分类和测量方法，然后测试家电的能效，最后在能效标识上注明必要的能效信息。他们同时指出，大型家电（如电冰箱）是家庭中主要的能源消费品，大型家电能耗的减少对于减少能源消耗是很重要的一步。正式通过一项能效标准，首先需要建立一套检测体系。作者通过对比分析，向读者展示了能效标识的发展历程，从不同发展阶段的能效标识中，提取有用的信息来鉴别当时的电冰箱性能。这一研究对于想要建立发展能效标识制度的国家有很强的借鉴价值。

Tibin Liu 等[②]（2011）指出，大多数家用电器能效标识，是指达到了最基本的能效标准，即能耗水平达到了市场能效要求的平均水平。而能效标识的引入则是要鼓励消费者选择能效水平更高的产品。在低碳经济发展的情况下，可利用博弈论来解决能效标识的执行问题，如家电生产企业利用市场机制来指导经济发展模式，以低碳成本和高效资源利用两方面来探索环境保护和经济发展共赢的市场机制。

Geoff Kelly[③]（2012）认为，家庭能源消费是总体能源消费中很重要的一部分，与碳排放息息相关，政策制定机构有能力来推广更多的能效设备，并根据发达国家的推广经验在全球使用，在此过程中信息的传播、补贴的形式、监管都是亟须解决的问题。

T. M. I. Mahlia[④]（2004）研究了能效标准和能效标识制度出台之后市场产品的分流情况，主要针对家用空调进行研究。他认为，市场分流是除了保护

---

① Mahlia T M I，Saidur R. A review on test procedure，energy efficiency standards and energy labels for room air conditioners and refrigerator－freezers [J]. Renewable and Sustainable Energy Reviews，2010，14 (7)：1888－1900.

② Tibin L，Jiao L，Honglian X. Study on the appliances energy efficiency label and multi－dimensional thinking under low－carbon economic development [J]. Energy Procedia，2011 (5)：577－580.

③ Geoff K. Sustainability at home：Policy measures for energy－efficient appliances [J]. Renewable and Sustainable Energy Reviews，2012，16 (9)：6851－6860.

④ Mahlia T M I. Methodology for predicting market transformation due to implementation of energy efficiency standards and labels [J]. Energy Conversion & Management，2004，45 (11－12)：1785－1793.

能源和维护环境之外，实行能效标识制度的另一大目标，市场分流可以促进高能效产品的替代，鼓励生产者改进产品设计，以高能效的产品来占领市场。产品能效的更新换代和能效标准的不断提高两者的相互推动，能促进社会能源的节约使用。

Bradford Mills 和 Joachim Schleich[①]（2010）指出，欧盟家用电器能效标识制度对高能效家用电器的推广做出了重要的贡献，他们对德国 20000 户家庭进行调查研究后发现，针对主要使用的五种家用电器，当居民不了解能效标识制度时，会对家电产品能效效果产生错误的估计，而没有选择购买一级能效标准的产品。

Anthony G M 和 Bradford F M[②]（2011）表示，美国的“能源之星”能效标识计划，是由政府实施的能最有效地减少美国能源消耗的项目，该文章研究了哪些因素会对消费者对主要家电上的“能源之星”能效标识的了解程度和关注意识构成影响。研究结果表明，家庭在购买节能产品时，家庭收入比对能效标识的了解和能效意识有更大的影响，比较贫困的家庭选择标有“能源之星”能效标识的产品的可能性更小。如果能效标识计划可以减少家庭因素对能效标识推广的影响，那么一年可以节约 1.64 亿度电，并且减少大气碳排放约 110 万吨。

1.2.1.3 汽车和交通运输行业能效标识制度的研究

早在 1985 年，Pirkey D B[③] 就提出为汽车燃料消费提供标签的设想，认为此举是减少汽车燃料消耗和提高消费者能效意识的重要手段，并为政府决策者制定了较为详细的实施计划。

Atabani 等[④]在 2011 年的研究中，总结出汽车燃料经济性标准和标识，在交通节能方面已经展示出了巨大的潜能，在成本相对较低的情况下，可以影响消费者行为，鼓励生产商生产更加节能的产品。在能源消耗不断增长的今天，

---

① Mills B，Schleich J. What's driving energy efficient appliance label awareness and purchase propensity? [J]. Energy Policy，2010，38 (2)：814−825.

② Anthony G M，Bradford F M. Read the label! Energy Star appliance label awareness and uptake among U. S. consumers [J]. Energy Economics，2011，33 (6)：1103−1110.

③ Pirkey D B. The fuel economy label：a case study in government rulemaking [J]. SAE Technical Paper Series；1985：20.

④ Atabani A，Badruddin I，Mekhilef S，et al. A review on global fuel economy standards，labels and technologies in the transportation sector [J]. Renewable & Sustainable Energy Reviews，2011，15 (9)：4586−4610.

燃料经济性标准和标识是政府应该采用的一种合理节能手段，和生产商、消费者间的协作，可以最大限度地确保这个方案的成功。

对于汽车能效标识制度的实施，学者们持有不同的态度。汽车能效标识制度的支持者，着眼于消费者和生产者的短视行为，得出结论：汽车能效标识可能会比燃油税更为成功。例如 Amihai 和 Charles[①]（1994）认为，尽管油价上涨，在面对技术和油价的不确定性时，消费者和生产者都更倾向于等待，而不是急着购买汽车或者是立刻花费时间和精力去研究更节能的汽车。因此，即使汽油价格的上涨具有很大的影响，但这些影响有延迟性，相比之下，法规性的汽车能效标识制度可能有更直接的影响。

Greene 等[②]（1998）对于汽车能效标识有一个类似的说法，他们认为汽车能效标识制度之所以有效，是因为有关于汽车能效的市场失灵。他们引用一些研究报告说，消费者是短视的，也就是说，他们低估了能效高的汽车节约的潜在成本，因此高油价对燃油经济性的影响会不如汽车能效标识大。Goldberg 和 Pinelopi[③]（1998）的研究并没有发现有力的证据说明汽车能效标识对消费者福利的影响是好是坏，这也可以引申为对汽车能效标识的支持。他发现如果要实行一个和美国汽车能效标识制度能产生相同的燃料节省效益的油价，对美国民众来说是过高而不可接受的。

在汽车能效标识制度的反对者中，一些分析师疑虑 CAFE 汽车能效标识所采用的标准是否合适。NPC[④]（2005）和 Portney（2003）认为，如果要保留 CAFE 汽车能效标识制度，应该引入多项改进措施：允许厂商交易燃油经济性限额，修改乘用车和轻型卡车的区分标准，去除国产和进口之间的区别对待，或对基于车辆属性的不同采用不同的标准。

有些分析师则反对任何关于汽车能效标识制度的想法。例如，Neil Thorpe 和 Peter Hills[⑤]（1997）利用一个一般均衡模型，发现 CAFE 汽车能

---

① Amihai G，Charles L. Regulation by prices and by command [J]. Journal of Regulatory Economics，1996 (9)：191—197.

② Greene D L，Evans D H，Hiestand J. Survey of evidence on the willingness of US consumers to pay for automotive fuel economy [J]. Energy Policy，2013 (61)：1539—1550.

③ Goldberg，Pinelopi K. The Effects of the Corporate Average Fuel Efficiency Standards in the US [J]. Journal of Industrial Economics，1998 (46)：1—33.

④ National Petroleum Council. Advancing technology for America's transportation future：Summary Report [R]. Washington D. C.：NPC，2012.

⑤ Neil T，Peter H. Field-trial design for an investigation of trip re-routing behaviour in response to road-use pricing [J]. IFAC Proceedings，1997 (30)：107—112.

效标识制度实际上减少了整体燃油经济性，因为它推动了低能效汽车的销售。Kleit① (2004) 估计，提高11美分/加仑的汽油税相当于在当前的CAFE汽车能效标识标准上提高3英里/加仑，并且在达到相同节能效果的同时对消费者福利的影响更小。Austin和Diana② (2005) 得出了类似的结论，只有在重度消费短视的情况下，收紧标准才会提高消费者整体福利，即消费者大大低估了燃油的节省。Parry等③ (2006) 也反驳了市场失灵的论据，指出消费者非常了解新车的燃油经济性和汽车燃油价格，因此很难相信这个市场是无效的。

在分析汽车能效标识对新车燃油经济性的影响方面，Espey④ (1998) 用了8个OECD国家的数据来研究车队范围的汽油消耗。1975—1990年，只有美国有汽车能效标识制度，其中有关标准和时间密切相关。因为标准的提高非常平稳，因此，汽车能效标识制度的影响，并不能和整个时间段的技术变革或其他可能因素区分开来。

Johansson和Schipper⑤ (1997) 进行了类似的分析，他们建立的横截面时间序列模型包括1973—1992年的12个OECD国家，还是使用车队平均燃油经济性作为因变量。分析特定国家的时间趋势时，研究者发现，自1978年以来，美国汽车整体燃油经济性的改善比其他任何国家都快，但他们不愿将此全部归功于CAFE汽车能效标识制度。Storchmann⑥ (2005) 也采用汇集模型来预测车队平均燃油经济性，并使用了多种解释变量，如私人收入、人口密度、城市化速度、燃油价格上涨、汽车成本等。他专注于收入分配对全球汽油需求的影响，并没有解决汽车能效标识制度的问题。

---

① Kleit A. Impacts of Long-Range Increases in the Corporate Average Fuel Economy (CAFE) Standard [J]. Economic Inquiry, 2004 (42): 279—294.

② Austin D, Diana T. Clearing the air: The costs and consequences of higher CAFE standards and increased gasoline taxes [J]. Journal of Environmental Economics and Management, 2005 (50): 562—582.

③ Parry, Ian M, Walls, et al. Automobile externalities and policies [J]. Journal of Economic Literature, 2007 (45): 373—399.

④ Espey M. Watching the fuel gauge: an international model of automobile fuel economy [J]. Energy Econ, 1996 (18): 93—106.

⑤ Johansson, Schipper. Measuring the long-run fuel demand of cars: Separate estimations of vehicle stock, mean fuel intensity, and mean annual driving distance [J]. Journal of Transport Economics and Policy, 1997 (31): 277—292.

⑥ Storchmann K. Long-run gasoline demand for passenger cars: the role of income distribution [J]. Energy Economics, 2005 (27): 25—58.

Greene① (1990) 采用了不同的方法来解决这个的问题。他模拟了汽车制造商的决策过程，并得出结论，CAFE 汽车能效标识制度在提高新车燃油经济性水平上比燃油价格发挥了更大的作用。

Gately② (1992) 设计了包含价格和 CAFE 汽车能效标识制度的车队平均燃油经济性函数，并允许在美国汽油消费量可能存在的不对称价格弹性。他发现，CAFE 汽车能效标识制度没有统计学上的显著意义，仅汽油价格（具有长达 10 年的滞后）一个因素就可以充分地解释多年来燃油经济性的演变。当用车队燃油经济性作为因变量时，因为缓慢的汽车报废率，CAFE 汽车能效标识制度的作用被稀释了。为了正确评估 CAFE 汽车能效标识制度的作用，除了当前的价值，很大一部分有延迟性的变量也应考虑在内。如果 Gately 采用了较长的时间序列，以保证 CAFE 汽车能效标识制度的滞后效应也考虑在内，也许会有不一样的结果。

Small 和 van Dender③ (2005) 的分析中包含了一个 CAFE 变量，最后证明 CAFE 汽车能效标识制度对燃油经济性有重大影响。然而，他们的主要关注点是反弹效应的程度，即如果燃油经济性降低，总车辆行驶里程会增加多少。分析 CAFE 变量是为了得出更稳定的反弹效应预测。

1.2.1.4 建筑能效标识制度的研究

Banerjee A 和 Solomon B D④ 认为，能效标识制度是一种有效的通过消费者的选择来提高周围环境质量的市场化的方法，尽管能效标识制度本身不会提高环境质量，但一个设计良好、实施顺利的能效标识项目将会大大提高环境友好产品的市场占有率，从而提高环境质量。

Gred Hauser⑤ 认为，建筑物能效标识是用于对建筑能耗效果进行衡量比较的、可被广泛理解的标识，而非对实际能源消耗的一种规定。Dena 对 4100

---

① Greene D. CAFE or price? An analysis of the effects of federal fuel economy regulations and gasoline price on new car MPG, 1978—89 [J]. The Energy Journal, 1990, 11 (3): 37—57.

② Gately D. Imperfect price—reversibility of US gasoline demand: asymmetric responses to price increases and declines [J]. The Energy Journal, 1992 (13): 179—207.

③ Small K A, van Dender K. Fuel efficiency and motor vehicle travel: the declining rebound effect [J]. The Energy Journal, 2007, 28 (1): 25—51.

④ Banerjee A, Solomon B D. Eeo—labeling for energy efficiency and sustainability: a meta—evaluation of US programs [J]. Energy Policy, 2003 (31): 109—123.

⑤ Gred H. The energy certificate of buildings [J]. Proceedings of the International Workshop on Building Energy Efficiency Policy, 2006: 63—75.

多个建筑物能效标识证书的实施经验表明：建筑物能效证书以高质量、低成本得以实现，得到了消费者的理解和市场的接受，并给建筑物现代化改造市场注入强劲的新动力。

Kraus Felicitas[①] 认为，推行建筑能效标识的目的主要有两个：一是作为衡量建筑物质量的尺度，提高建筑领域的市场透明度；二是作为住房中介和建筑物业主的市场营销手段，激励新建建筑和既有建筑创新，并提供投资渠道。

Dirk Brounen 和 Nils Kok[②]（2011）证明了欧盟能效标识制度中的住房能效可以有效减少建筑业的碳排放量，研究显示，贴有能效标识的房屋能给消费者更加直观的评价标准，并且对房屋的定价也有一定的影响。

Erwin Mlecnik 等[③]（2010）对建筑能效发展中的障碍和机遇进行了探讨。作者通过建立数学模型对欧盟现有的能效标识制度进行了研究，结果表明，已经使用和刚开始实行的能效标识制度，对于能效的控制和能源的节约是有作用的，降低了能效推广的复杂性，而且其可行性也具有相对优势。

1.2.1.5 能效标识制度与绿色壁垒

Copeland B R 和 Taylor M S[④]（2004）阐述了国际贸易、经济增长与环境改变的关系。William Arthur Lewis 认为，与欠发达国家相比，发达国家不仅仅具有技术和经济的发展优势，更拥有国际活动中的政治优势，发达国家也常常利用其技术优势实现政治目的。强大的经济实力、较高的技术水平、雄厚的产业基础，是发达国家实施绿色壁垒的基础，绿色壁垒是发达国家进行贸易保护一种手段。[⑤]

Palmer 等[⑥]（1995）认为，实施绿色壁垒提高了贸易成本，降低了本国产品的国际竞争力，虽然可以改善环境，但改善的效益较贸易遭受的损失相对较小。而其他一些学者持不同见解，认为绿色壁垒实施的经济、技术基础是新技

---

① Kraus F. Policy and strategy of energy efficiency [J]. Proceedings of the International Workshop on Building Energy Efficiency Policy，2006：111－131.

② Dirk B，Nils K. On the economics of energy labels in the housing market [J]. Journal of Environmental Economics and Management，2010，62 (2)：166－179.

③ Erwin M，Henk V，Anke van H. Barriers and opportunities for labels for highly energy－efficient houses [J]. Energy Policy，2010，38 (8)：4592－4603.

④ Copeland B R，Taylor M S. Trade，growth and the environment [J]. Journal of Economic Literature，2003，42 (1)：7－71.

⑤ 宣亚南 . 绿色贸易保护与中国农产品贸易研究 [D] . 南京：南京农业大学，2002.

⑥ Palmer，Oates，Portney. Tightening enviromental standard：the benefit－vost or no－cost paradigm? [J]. Journal of Economic Perspectives，1995，4 (9)：119－132.

术、新工艺在环保领域的开发与运用，其实施促进了社会经济发展方式的优化与升级转换和经济的可持续发展，对世界环境保护和人类社会的健康发展有积极意义。

Esty 和 Geradin[①]（1998）指出，保护生态环境与公平自由贸易是人类社会的共同责任，WTO 和各国政府应制定更为严格的贸易环保法，减少自由贸易对环境的破坏。

1.2.1.6　中国能效标识制度的研究

Wei Lu[②]（2006）指出，中国家庭随着生活水平的提高，家电的种类越来越多，使用也越来越频繁。冰箱作为大型家电的代表，是家庭电能消耗的重要产品之一，经过数据分析证明，家电能效标识的使用可以为家庭节约很大一部分的电能，并且对环境保护有积极的影响。Wei Lu[③] 还以同样的研究方法，对空调使用能效标识前后的变化做了对比，同样证明能效标识的使用对能源节约和环境保护有明显的促进作用。

Nan Zhou 和 David Fridley[④]（2011）对中国制定实施的一系列家电能效标准和标识涉及的家电进行了能效检测，运用数学模型分析得出，在最佳状态时，积累用电可以节约 5450 千瓦时，11 种检测产品的年平均二氧化碳排放量可以减少 35%；在持续进步的状态时，积累用电可以节约 9503 千瓦时，所有 37 种检测产品的用电比在冷冻状态下减少 16%。

Jing Tao 和 Suiran Yu[⑤]（2011）针对中国的冰箱、冰柜施行能效标准之后对经济和环境的影响进行了研究，结果显示，以现在能效标识产品的发展，到 2023 年，能效标准和能效标识制度的实施可以潜在节约用电 588～1180 千瓦时，可以减少 6.29～12.6 亿吨二氧化碳、400～804 万吨二氧化硫和 237～

---

① Esty D, Geradin D. Enviroment protection and internation competitiveness: a conceptual framework world Trade [J]. Journal of World Trade Law, 1998, 32 (3): 5−46.

② Wei L. Potential energy savings and environmental impact by implementing energy efficiency standard for household refrigerators in China [J]. Energy Policy, 2006, 34 (13): 1583−1589.

③ Wei L. Potential energy savings and environmental impacts of energy efficiency standards for vapor compression central air conditioning units in China [J]. Energy Policy, 2006, 35 (3): 1709−1717.

④ Nan Z, David F. Analysis of potential energy saving and CO_2 emission reduction of homeappliances and commercial equipments in China [J]. Energy Policy, 2011 (39): 4541−4550.

⑤ Jing T, Suiran Y. Implementation of energy efficiency standards of household refrigerator/freezer in China: Potential environmental and economic impacts [J]. Applied Energy, 2010, 88 (5): 1890−1905.

476吨氮氧化物的排放。

Feng Dianshu 等[①]（2010）以中国辽宁省为例，探讨了中国家电能源节约和消费者行为对能效政策实施的影响。通过调查，研究学者发现，居民愿意购买高能效的节能产品来节约电能，但是在实施过程中，产品质量和价格等问题影响了消费者的选择，需要政府制定更完善的政策和实施细则来减少这些影响。

Ling Ye 等[②]（2013）对中国绿色建筑标识的施行进行了概括和梳理，他们以2008—2011年353个绿色建筑标识项目为基础，对评价机构、评价阶段、建筑种类、星级水平、地区分布和开发商进行了分类研究。文章研究重点在绿色建筑标准技术的应用，包括基础的技术设备以及32种应用技术，特别是翻新能效技术的运用。

1.2.2 国内文献综述

国内学者对于能效标识制度的研究起步较晚，其研究方向大致包括能效标识制度的功能与我国能效标识制度实施存在的问题、我国能效标识制度中存在突出问题的能效标准的分析、节能政策制定的研究、能效标识制度与发展低碳经济的关系分析、我国能效标识制度中面临的绿色壁垒的分析。

1.2.2.1 能效标识制度的功能与我国能效标识制度实施存在的问题

李爱仙[③]认为，能效标识可以积极有效地推动市场对高能效产品需求的增长，而这一功能的实现，既依赖于完善的能效标识制度的建立，又与能效标识制度的有效实施密切相关。而能效标识制度实施的关键环节在于宣传推广、执行监督和优惠政策激励。

金明红、李爱仙[④]认为，能效标识制度的本质是能效信息披露制度，因此确保能效信息的完整、准确和真实，是该制度最重要的一环和实施监督的首要

① Feng D, Benjamin K S, Khuong M V. The barriers to energy efficiency in China: Assessing household electricity savings and consumer behavior in Liaoning Province [J]. Energy Policy, 2009, 38 (2): 1202-1209.

② Ling Y, Zhijun C, Qingqin W, et al. Overview on green building label in China [J]. Renewable Energy, 2013 (53): 220-229.

③ 李爱仙.国外实施能源效率标识制度的经验与启示 [J].节能与环保，2005（3）：28-29.

④ 金明红，李爱仙.推动我国能效标识有效实施的建议——国际能效标识成功实施的启示 [J].中国标准化，2005（7）：8-10.

问题，也是确保该制度发挥作用的关键。

由于有效的监督和管理是能效标识制度成功的重要保证，因此我国需要借鉴发达国家的监督管理经验，这将有利于建立一套适合我国的能效标识监督管理制度。

成建宏、李爱仙[①]（2004）在总结国外能效标识制度实施经验的基础上，分析了欧盟以及美国、泰国等在能效标识制度实施中存在的问题，指出我国能效标识制度的建立和实施应该借鉴国际经验，注意重大问题的解决：要强调国家立法对能效标识制度建设的必要性，要重视能效标识评估机制建设的重要性，以及促进能效标识制度实施模式从自愿性向强制性转换的重要意义。

针对我国能效标识制度模式存在的主要问题，赵雪[②]（2007）指出，现行的“企业自我声明＋备案＋市场监管”模式存在的主要问题是一些企业在不符合能效标准的产品上擅自加贴能效标识，从贴标源头上造成了鱼目混珠的不良后果。

曹宁、王若虹[③]（2009）认为，企业自我检测、质检部门临时抽查是我国能效标识监管制度的基本特点，这对产品的市场监督提出了很高的要求。

石文星[④]（2007）指出，能效标识虚标有三种情况。一是，未达到市场准入能效等级，企业却刻意在标识上弄虚作假。这种弄虚作假的行为是不可饶恕的，必须制定强有力的法律措施，保护能效标识制度的有效实施，否则，能效标识制度将形同虚设，节能降耗的目标将越来越远。二是，在企业质量管理中，不同批次的产品可能会出现能效上的波动，所以要对每台产品进行商检。三是，贴牌生产的产品并不是品牌所有企业自己生产的，如果对贴牌生产的产品不进行严格质量把关，会影响能效标识的准确性，导致能效等级虚假现象的产生，但是归根结底，还是企业对产品质量的诚信不够重视造成的。

1.2.2.2　我国能效标识制度中存在突出问题的能效标准的分析

国内学者研究视角主要集中在我国能效标准与欧盟及日本、美国的能效标准的比较分析上。

---

① 成建宏，李爱仙. 我国能效标识的发展与展望［J］. 中国能源，2004，12（26）：8－10.

② 赵雪. 能效标识体检 失信企业有恙［J］. 消费指南，2007（9）：20－21.

③ 曹宁，王若虹. 中国能效标识制度实施概况［J］. 制冷与空调，2009（1）：9－14.

④ 虚标危害企业发展——访清华大学建筑学院建筑技术科学系副教授石文星［EB/OL］.［2007－04－13］. http://www.caigou2003.com/jdgl/tztcg/794971.html.

黄速建、郭朝先[①]（2005）认为，通过比较和借鉴欧盟的先进经验，可以推动我国节能事业的发展。

冯奎[②]（2009）详细研究了欧盟如何落实节能降耗的政策、执行能源指令，落实政府对中小企业节能降耗的具体政策支持，即通过节能咨询活动帮助和推动中小企业开展节能降耗、技术研发以及标签制度的实施，支持节能降耗产品占有较高的国内市场份额。

于素丽[③]（2005）通过详细了解欧盟能效标识制度的建立和发展过程，比较我国和欧盟能效标识标准的差异，认为可以借鉴欧盟先进的能效标识制度经验，从而推动我国建立自己的能效标识制度，更好地发展节能事业。

俞建峰、杜旭光[④]（2009）指出，欧盟在家电能效方面的研究比较早，家电能效认证已经从单一的自愿认证走向自愿认证和强制认证结合。我国家电能效的认证处于从标准的制定走向法律规定的过程，标准要向国际标准靠拢，也要循序渐进地提高。

李明[⑤]认为，中国节能标准的制定，一方面必须做大量的调查研究、数据分析和产品测试；另一方面要加强标准研制机构与厂商的合作，同时必须重视在标准制定过程中加强国际合作，否则中国厂商会因此面临非贸易性的技术壁垒，在国际贸易中处于不利地位。

井志忠、陈立欣[⑥]（2001）详细分析了日本能效政策的目的、制定的标准、实施的组织形式等。另外，在对日本的能效政策和能效管理的影响分析中指出，日本产业结构变化、单位能耗的变化，以及产业部门的能效因素都会对其产生影响。

杨光梅[⑦]（2014）认为，美国的能效标识制度已渗透进家用电器、办公电器以及建筑领域，对于其他领域，即使没有能效标识制度对其进行约束，也有相应的能效标识标准出台，使得提高能效渗入美国经济的各个领域。通过这些

---

① 黄速建，郭朝先. 欧盟发展可再生能源的主要做法及对我国的启示［J］. 经济管理，2005（10）：4−11.

② 冯奎. 欧洲行业组织如何推进中小企业节能降耗［J］. 中国中小企业，2009（7）：36−39.

③ 于素丽. 借鉴欧盟经验，推进我国节能事业发展［J］. 浙江节能，2005（4）：50−52.

④ 俞建峰，杜旭光. 中欧家电产品能效认证差异化研究［J］. 能源研究与利用，2009（4）：31−33.

⑤ 李明. 借鉴欧盟节能标准发展战略促进经济和环境协调发展［C］//中国科学技术学会第十二届中国科学技术协会年会——经济发展方式转变与自主创新论文集. 北京：清华同方电子出版社，2010.

⑥ 井志忠，陈立欣. 日本的节能措施、成效与启示［J］. 日本学论坛，2008（4）：15−22.

⑦ 杨光梅. 高瞻远瞩的美国能效经济［J］. 环境保护，2010（22）：75−76.

政策的实施，美国节省了大量的电力需求，提高了能源使用效率，这样一来，节省下来的能源就能看作最清洁的能源产出。

成建宏、李爱仙[①]（2004）认为，能效标识的实施，增进了消费者对用能产品能耗信息的了解，加强了消费者、生产商和政府之间的联系，在降低产品能耗、创造良好的竞争环境、提高能源效率、推动市场的转型等方面做出了积极贡献。

1.2.2.3　节能政策制定的研究

对节能政策制定的研究，我国主要集中在对国外先进经验的学习和对我国制度建设的启示。

姜波、刘长滨[②]（2011）将日本、美国、英国作为成功案例，分析了发达国家的建筑节能管理制度体系，阐述了其建筑节能法律法规的发展进程，以时间顺序详述了相关法律法规，以及各国从这些法律法规中的受益情况。从美国的能源之星认证、日本的绿色建筑评估体系、英国的节能证书制度几个方面进行思考，提出了建立完善的建筑节能政府管理机构、建立健全建筑节能市场机制、搞好建筑节能从政府政策到市场运作的传递三点措施。

刘玉明、刘长滨[③]（2010）通过对现今一些国外建筑节能改造经济激励政策进行研究，针对建筑节能市场发展的不同阶段，提出建筑节能改造的财政补贴政策和税收优惠政策的组合。

时红秀[④]（2006）在分析德国、丹麦的能源利用和节能政策时，阐述了欧盟致力于能源供应的可靠性，能源经营的可盈利性、社会可接受性，以及环境和气候的可持续性的政策特点，详述了我国能源消耗和环境污染的严重性和节能减排的迫切性，提出制定正确的政策措施，能源安全、环境保护、节能减排战略并举，引入市场机制并配以财政税收措施的建议。

1.2.2.4　能效标识制度与发展低碳经济的关系分析

国内学者的主要观点为能效标准可以直观地表现能源使用效率，是推动节能的一个有效途径，可以促进低碳经济的发展。

---

① 成建宏，李爱仙. 美国能效标准与标识及其影响［J］. 中国质量技术监督，2003（5）：58－59.

② 姜波，刘长滨. 国外建筑节能管理制度体系研究［J］. 生产力研究，2011（2）：101－103.

③ 刘玉明，刘长滨. 既有建筑节能改造的经济激励政策分析［J］. 北京交通大学学报（社会科学版），2010，9（2）：52－57.

④ 时红秀. 欧盟、德国和丹麦的节能政策及其启示［J］. 国家行政学院学报，2006（6）：87－90.

李明[①]认为，我国应该借鉴欧盟节能标准体系建立和节能管理机制运行的经验，结合国情，制定自主节能减排的长期战略，推动我国社会经济的绿色发展。

吴林海[②]（2004）分析指出，发展中国家与发达国家的社会经济发展水平相差悬殊，对经济发展与环境保护的认识有较大差异，在环境保护与经济发展不一致时，发展中国家更注重经济发展，而忽视对环境的保护；发达国家基于其社会经济发展与绿色技术研发的优势，在世界经济发展中，常常以绿色发展的要求为手段，实现贸易保护的目的，忽略了绿色壁垒也具有合理性的一面。

1.2.2.5 中国能效标识制度建设中面临的绿色壁垒的分析

针对欧美等发达国家能效标志制度对中国产生的绿色壁垒，蒙子良[③]指出，对发展中国家而言，绿色壁垒是发达国家实施的变相的贸易壁垒，是贸易保护主义的新策略。

曾凡银[④]（2003）针对绿色壁垒对关税壁垒的替代效应进行了实证研究，他指出，发达国家在传统贸易壁垒作用递减的时代，为维护本国利益，必将运用绿色壁垒替代关税壁垒。

曾延光[⑤]（2010）认为，对欧美节能立法程序和动态的研究，能够让我国企业争取充足的时间应对国外能效壁垒。

赵跃进[⑥]（1998）以荧光灯镇流器为例，介绍了美国能效标准的确立方法，概述了美国开展节能工作所采取的主要措施、科研动向以及政府在商品交过程中充当的角色，明确了我国产品在出口过程中应当留意东道国的能效标准，尽量避免由能效标准带来的技术壁垒。

有学者认为，绿色壁垒并不是一堵密不透风的墙，虽然其对贸易有影响，但这种影响是暂时。

---

① 李明.借鉴欧盟节能标准发展战略促进经济和环境协调发展［C］//中国科学技术学会第十二届中国科学技术协会年会——经济发展方式转变与自主创新论文集. 北京：清华同方电子出版社，2010.

② 吴林海.贸易与技术标准国际化［M］.北京：经济管理出版社，2004.

③ 蒙子良.论“绿色壁垒”［J］. 改革与战略，2000（1）：13-19.

④ 曾凡银.绿色壁垒对关税壁垒的替代效应研究［J］. 财贸经济，2003（6）：61-64.

⑤ 曾延光. 了解欧美节能立法程序和动态，有效应对国外能效壁垒［C］//中国科学技术学会第十二届中国科学技术协会年会——经济发展方式转变与自主创新论文集. 北京：清华同方电子出版社，2010.

⑥ 赵跃进.美国能效标准及节能措施［J］.世界标准化与质量管理，1998（4）：3，36-39.

王璨[①]（2003）指出，绿色贸易是人类文明进步的体现，是世界科技进步的必然要求，如果发展中国家将其视为阻碍自由贸易发展的壁垒，既有失偏颇，同时也不利于本国社会经济的发展。发展中国家应积极应对绿色贸易条件和环境的外部成本因素变化所带来的挑战。

陈伟升、朱嘉[②]（2009）认为，绿色壁垒已经成为发达国家制约我国对外贸易发展的重要手段，我国应积极参与 IEC 能效与再生资源标准策略专家组的工作，及时调整我国应对能效绿色壁垒的措施。

兰梅等[③]（2007）认为，绿色壁垒的出现具有合理性。发展中国家普遍面临着经济发展与环境保护两难的困境，很多发展中国家都选择以牺牲环境来促进经济增长，而绿色壁垒的出现让国家开始对绿色环保更加重视，虽然绿色壁垒多由有技术优势的发达国家提出，但绿色壁垒确实是社会发展的产物，对国家未来发展模式有现实的指导意义。

廖进中、谢国旗[④]（2005）在分析绿色壁垒产生的原因与后果时，基于“以人为本”的理念，分析了其产生的时代性与合理性。发展中国家和世界上的贫困人群更依赖于自然环境，更需要保护环境和生态。发展中国家应该主动发挥外贸对经济的“倒逼”作用，积极地将绿色壁垒的“挑战”转化为经济社会发展的“机遇”。

刘丽等[⑤]（2006）在分析绿色壁垒对发展中国家产生的后果时，运用“环境库兹涅茨曲线”说明了绿色壁垒可以促进发展中国家科技进步，注重环境治理，从而提高全球环境保护力度。

1.2.3　国内外文献评述

总体上，国外对能效与能效标识制度的关系、能效标识制度的功能、能效标识制度运行系统的研究比较成熟，研究成果较为丰富，为发达国家能效标识制度的有效实施提供了良好的理论基础，同时也为发展中国家提供了宝贵经验。一些国外学者也将中国能效标识制度纳入研究范围，但研究重点在中国能

① 王璨. 绿色贸易的性质及现状分析 [J]. 理论与实践，2003 (6)：93−95.

② 陈伟升，朱嘉. IEC 能效标准化战略与我国的能效标准化应对 [J]. 电器工业，2009 (9)：71−73.

③ 兰梅，童霞，吴林海. 绿色壁垒制度的正面效应 [J]. 环境保护，2006 (16)：76−78.

④ 廖进中，谢国旗．“绿色壁垒”新论 [J]．湖南大学学报（社会科学版），2005 (4)：52−55.

⑤ 刘丽，程立平，李涛．凤凰涅槃中的中国环保——绿色贸易壁垒对我国环境保护的影响 [J]．生态经济（中文版），2006 (5)：64−67.

效标识制度实施的效果分析上，目前，国外尚没有专门针对中国能效标识制度整体研究的文献。

国内现有关于能效标识制度的研究文献存在一定不足，没有清楚界定中国能效标识制度的内涵，同时缺乏对中国能效标识制度的系统研究。国内已有的研究成果主要集中在如何借鉴国际先进经验上，虽然提出了改善能效标准的方向，但对我国能效标识制度发展的研究仍然不足，对能效标识制度有效实施方法的研究还很欠缺。如何将低碳经济发展与社会能源资源的有效利用结合起来，通过完善和优化能效标识制度，为低碳经济的发展提供切合实际的评判指标，探究如何使能效标识制度良性运行，促进我国低碳、绿色、持续、稳定的经济增长，是我国社会经济理论与实践亟待解决的重要问题。

1.3 研究思路和方法

1.3.1 研究思路

本书的基本思路：在明确完善和优化我国能效标识制度重要性、迫切性的前提下，系统阐述良性能效标识制度建立的理论依据；在总结发达国家能效标识制度实践经验的基础上，分析我国能效标识制度的发展现状，深入研究其存在的主要问题，积极寻找解决之路；通过对法律法规的建立、组织机构的改造、运行模式的优化、测评体系和监督体系的构建等方面的研究，建立我国能效标识制度优化方案；针对家用电器与设备、汽车、建筑三大主要耗能产业，推进优化能源标识制度实施方案的展开；通过建立和优化能效标识制度，解决经济发展对能源需求的急剧增长和能源日益稀缺之间的矛盾，促进节能降耗，提高能效，优化产业结构和能源配置，实现我国“十三五”规划所要求的低碳、绿色发展，建设资源节约型、环境友好型社会的目标。

1.3.2 研究方法

本书以能源经济学、低碳经济学、环境经济学、发展经济学、制度经济学的相关理论作为指导，拟采用以下方法进行研究：

首先，运用文献与理论研究法进行研究。通过大量阅读国内外能效标识制度方面的主要和最新研究文献，梳理现有文献的研究逻辑，比较分析其研究结论，逐步形成自己的研究方法与路径。运用能源经济学、低碳经济学、环境经济学、发展经济学、制度经济学基本理论，阐述能效标识制度及其与低碳、绿色经济增长之间的关系，构建我国良性能效标识制度的理论体系，

其次，运用统计学中的比较分析法进行研究。采用横向比较法，通过对比欧盟及美国、日本实施的能效标识制度，分析各自的优势和劣势，找出不足与缺漏，总结归纳出值得我国借鉴的先进经验，用于改善我国现有能效标识制度。应用纵向比较法，对我国能效标识制度发展历程、现状与实施效果进行分析，找出存在的问题及其原因。

再次，运用实证方法进行研究。针对中国家庭能源消费调查组的调研数据，应用实证分析方法，检验总收入、性别、年龄、工作和学历五个因素对我国贴有能效标识的家用电器及设备的市场占有率的影响，为我国日用家电能效标识制度的优化提供了更为具体的解决思路。

最后，运用定量和定性分析相结合的方法进行研究。通过规范研究和定性分析与实证研究和定量分析相结合，分析欧盟及美国、日本的经验教训，提出现有能效标识制度实施的发展状况和现实问题，并对能效标识制度的运行机制、测评体系和监管体系的建立与优化进行分析研究，最终得出本书的研究结论和相关政策建议。

1.4　研究框架与主要内容

1.4.1　研究框架

本书的技术路线如图 1—1 所示。

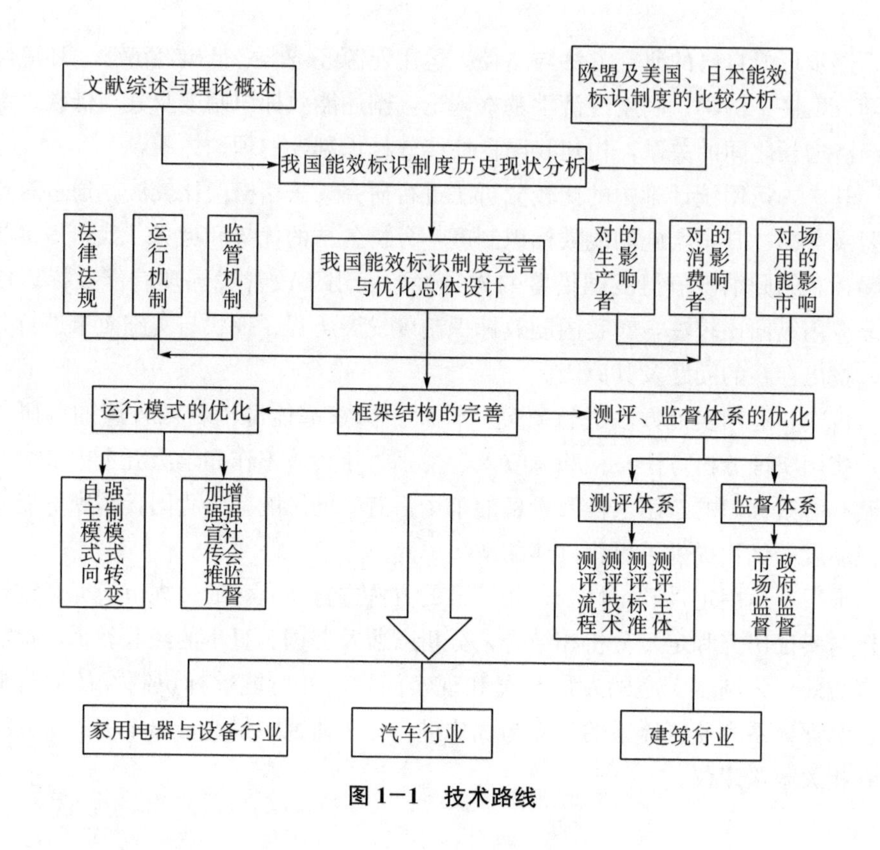

图 1－1　技术路线

1.4.2　主要内容

本书主要分为七大部分，共 10 章。

第一部分：第 1 章导论。提出研究背景与意义，主要阐述低碳经济发展背景下，我国能效标识制度优化的必要性与迫切性。梳理分析国内外现有能效标识制度的研究成果，概括研究方法、技术路线、研究的主要任务等。

第二部分：第 2 章能效标识制度的相关概念与理论基础。界定能效标识制度的概念、功能，阐述有效建立能效标识制度的理论依据。

第三部分：第 3 章国际先进经验的总结与借鉴。对欧盟及美国、日本能效标识制度的实践经验进行归纳分析，通过比较欧盟及美国、日本实施的能效标识制度的异同，分析其制度运行的优势与缺陷，总结归纳出建设我国能效标识制度可以借鉴的经验。

第四部分：第 4 章我国现行能效标识制度分析、第 5 章我国能效标识制度的总体设计优化。阐述我国能效标识制度产生、发展的历史，分析现行能效标识制度实施的效果、存在的问题及其产生的主要原因，论证良性能效标识制度的总体设计要求，阐述优化我国能效标识制度的基本路径。

第五部分：第 6 章、第 7 章、第 8 章。分别阐述完善我国家用电器与设备、汽车、建筑三大领域能效标识制度的具体办法。

第六部分：第 9 章优化我国能效标识制度的影响分析。分析我国优化后的能效标识制度可能产生的效果。

第七部分：第 10 章结论与建议。概括总结本书主要观点与政策建议。

1.5　研究的创新与不足

1.5.1　研究的创新

本课题研究创新之处体现在以下几个方面：

第一，针对现有能标识制度研究中存在的内涵界定不清的问题，较为全面地界定了我国能效标识制度的内涵，为系统地完善与优化我国能效标识制度设置了清晰的前提。

第二，针对现有能效标识制度分析存在系统性不强、缺乏对现存制度组织框架体系存在问题的分析，从我国能效标识制度的组织结构与职能设定、运行模式、实施效果等方面，较为全面系统地分析了现行能效标识制度存在的问题及其原因，为在低碳背景下推进我国能效标识制度的优化建立良好的基础。

第三，在重新定位能效标识制度实施目的的基础上，将能效标准、能效标识的测评、设立、监管有效地结合起来，设计出优化我国现行能效标识制度的总体方案和实施路径。

第四，针对我国能效标识制度建设中的弱点，即提出了现阶段的主要工作重点，即将汽车、建筑能效标识制度的建立作为完善优化我国能效标识制度的切入点。

1.5.2　研究的不足

第一，在优化现行能效标识制度的实施方案中，对如何将社会全部用能产品纳入能效标识制度，缺乏系统深入的研究。

我国能效标识制度的初始设计是以行业管理为基础的，本书旨在完善与优化我国现有能效标识制度，建立覆盖全国的经济、高效运行的能效标识制度，而这一目标的推进与实现，依赖于我国经济与政治体制改革的推进程度与实效。本书在总体优化方案的实施路径研究中，主要研究了家用电器与设备、汽车、建筑三大主要耗能产业的能效标识制度的完善，对如何在全国各耗能行业都建立有效的能效标识制度缺乏系统阐述。

第二，对现有能效标识制度实施效果存在的区域性差异研究不足。在针对消费者对能效标识制度的认知度及销售商对能效标识的认知和使用情况进行系统调查时，由于时间偏紧、经验不足等，在问卷设计与发放过程中，没能很好体现我国经济发展与管理中存在的地区差异，导致此部分研究有一定局限性。

第三，由于我国能效相关信息统计制度正在建设当中，能效标识制度实施的相关信息公开程度不太高，在研究方法上，存在定量分析方法运用不够的缺陷。本书只是对能效标识制度实施基础较好的家用电器与设备领域采用了实证分析法，对其他方面的研究，主要是间接收集数据资料，并进行一定程度的定量分析。本书对我国现行能效标识制度存在的问题的相关性，以及优化现行能效标识制度具体方案设计中的精准度的分析存在一定不足。

第2章　能效标识制度的相关概念与理论基础

2.1　相关概念

随着温室效应的加重以及能源安全的威胁，积极寻找解决办法，实施切实有效的能源政策成了各国政府的当务之急。经过多年努力，一些能效政策已经初显成效。其中，能效标识制度被世界公认是最有效、最经济的能源政策之一。虽然能效标识制度的作用已经显现，但面对未来能源市场的不确定性，能效标识制度还有待完善。为了更进一步了解能效标识制度，需要先对能效、能效标准、能效标识以及能效标识制度进行概念的界定。

2.1.1　能效与能效标准

能效即能源效率，世界能源委员会认为，能源效率是一个比值，即“能源效率=某一生产过程的有用产出/该生产过程的能源投入”，这一比值体现了实现一定产值而需要的能源投入量。世界能源委员会关于能效的这一定义被各国广泛使用。此外，世界能源委员会又从两个层面对能源效率进行了解释：在国家层面，能源效率表示 GDP 每增长一个单位所消耗的能源量；在能效指标层面，其又可以细分为经济性指标和物理性指标，其中，经济性指标指实现每单位产值所消耗的能源量，物理性指标则根据产业的不同，分为工业指标和服务业指标，工业指标是用来描述每生产一单位产值所需要消耗的能源量，服务业指标则是描述服务人员实现一单位产值的人均能源消耗量。英国学者博舍别叶夫等对能源效率的概念给出定义：“经济上的能源效率是指通过使用同等甚至更少的能源投入来获得更多产出从而提高生活质量的方法，技术上的能源效率则强调通过技术进步和改变人们消费和生活习惯的方式来减少对能源的使用”①。

提高能效的手段有两类：一类是直接手段，采用高新能源设备及新工艺进行能效改造，提高能源的管理水平，降低单位产品能源消耗，从而实现高能效；另一类是间接手段，即通过改变产业及产品结构、减少原材料浪费、保证产品质量等手段来降低产品的单位能耗。

全国区域能源专业委员会理事长许文发在 2015 年 4 月 2 日举行的中国分布式能源发展与余热利用论坛上表示，目前我国能源效率仅为 36.81%，而世界平均水平为 50.32%②，我国用能产品的能耗与发达国家相比具有较大差距，而同时我国的能耗总量又十分巨大。此外，我国能源还存在许多一次利用的情形，缺乏二次、三次等重复利用，造成了巨大的能源浪费。

能效标准是指用能产品的能源利用效率水平或在一定时间内对能源消耗水平进行规定的标准③，表现为生产商为了销售产品所必须达到的最低能效水平（或者最高能耗）的要求。该标准只规定能效水平，并没有规定产品的技术或者设计要求，为节能工作提供必要的技术支撑，设置市场准入门槛，从而限制高能耗产品的进入，淘汰高能耗低收益的产品，鼓励企业节能创新，促进用能产品提高能效水平，从而实现企业的节能减排。标准是一种规范产业和经济的秩序，是产业发展的技术方案。④ 掌握了标准的制定权，也就占领了产业发展的战略先机，掌握了市场的主动权。⑤

能效标准的制定必须符合行业的发展，一方面，如果制定的标准过低，没有跟上行业技术的更新换代，那么标准将形同虚设，起不到应有的限制作用；另一方面，如果好高骛远，制定过高的标准，那么将提高产品的成本，限制行业的发展。另外，应尽可能地细化标准，针对不同行业制定不同的标准，从而更大限度地发挥标准的激励作用。

---

① Bosseboeuf D, Chateau B, Lapillonne B. Cross－ country Comparison on energy efficiency Indicators: the on－going European effort towards a common methodology [J]. Energy Policy, 1997, 25 (9): 673－684.

② 李明. 借鉴欧盟节能标准发展战略促进经济和环境协调发展 [C] //中国科学技术学会第十二届中国科学技术协会年会 ——经济发展方式转变与自主创新论文集. 北京：清华同方电子出版社，2010.

③ 何文强. 中国能源效率区域差异的实证分析 [D]. 南昌：江西财经大学，2009.

④ 赵子军. 标准支撑新型城镇化 [J]. 中国标准化，2014 (12)：12－18.

⑤ 康雪娟. 福建省新型城镇化能源标准体系框架构建研究 [J]. 质量技术监督研究，2016, 1 (43)：18－21.

1.1.2　能效标识和能效标识制度

能效标识是粘贴在产品表面，向消费者传递能效信息，帮助消费者选购用能产品时做出明智选择的标识。能效标识不仅可以单独使用，也可以和能效标准配套使用。能效标识的出现，能够有效解决消费者和制造商之间信息不对称的问题，让消费者对产品的能效信息有更多的了解，从而促进节能产品的销售。除此之外，能效标识还可以分为自愿性能效标识和强制性能效标识两种，自愿性能效标识由产品的生产商自行决定是否参加能效标识项目；强制性能效标识则不能由生产商自主选择，而是强制生产商加入能效标识项目。

能效标识根据功能和设计的不同，分为比较标识、保证标识和单一信息标识三类。比较标识是指在标识上显示该产品的能效水平和运行成本等信息，将该产品能效水平和其他同类产品进行比较，并在标识上显示此类产品的最低能效和最高能效，购买者通过比较标识可以直观地识别产品的能效水平。根据表示方法的不同，比较标识又可以分为连续性比较标识和非连续性比较标识，其中，连续性比较标识一般用数轴（或者线段）作为连续性标尺，数轴（或者线段）上标出的位置表示该用能产品在同类产品中的能耗水平，例如，美国的“能源指南”标识就属于连续性比较标识；非连续性比较标识则是将同类产品的能耗分出等级，然后标出该用能产品所处的能效级别，我国目前的家用电器能效标识就属于此种类别。保证标识是指在标识上不会显示产品的能效信息，而只是对达到能效标准的产品，给予生产商粘贴标识的权力，一旦粘贴该标识，就意味着该产品已经达到同类产品的领先水平，处于“领跑”地位，方便消费者快速识别高能效产品。单一信息标识仅仅提供产品的基本能效数据，不会将产品与同类型其他产品做比较，也不会将年能耗量和运行费用反映在标识上，不利于消费者辨别高能效产品[①]。

相较于能效标准，能效标识具有可视性的特点，能够直观地向外界传达用能产品的能效水平。能效标识建立在能效标准的基础上，按照标准的规定而粘贴，脱离了标准就失去其有效性。

能效标识制度是政府通过确定能效标准，对用能产品进行能效标识粘贴，限制高能耗产品进入市场，同时为消费者提供产品能效信息的一系列配套措

① 李晓丹，齐佳，凌越．北京市商业流通领域引入“领跑者”制度的思考与建议 [J]. 中国能源，2014，36 (7)：36−38.

施。能效标识制度可以通过管理目标的选择、法律法规的制定、组织机构的构建、运行机制的安排、测评以及监管机制的建立等一系列活动，将影响能源效率的各种因素有机地整合起来，将计量社会用能产品的能源耗费、碳排放等能源效率指标集中起来，用能效标识表现出来。这种直观的形式，便于大众识别和理解。同时，对用能产品粘贴能效标识，能够规范地向全社会公示产品的能效信息，限制低能效产品进入市场，鼓励生产高节能创新，引导消费者选用高能效产品，从而提高社会整体能效水平，实现社会经济低碳、绿色、可持续的良性发展。能效标识制度是衡量用能产品是否达到节能效果的准则，是鼓励企业创新、提高节能技术的重要工具，也是政府节能减排的有力调控措施。目前，欧盟及美国、日本等早已建立成熟的能效标识制度，并在节能减排方面取得重要成就。

能效标识制度体系庞大，主要包括家用电器与设备、汽车、建筑三大领域。首先，每个领域需要有相应的行业标准，这些标准需要以法律为基础，以加强其实施的权威性和强制性，增强对企业的约束力；其次，需要有科学的评测系统，检测用能产品的能效水平，并粘贴相应的能效标识；最后，能效标识制度离不开严格的审查与监管，并应配以奖励和惩罚措施。

除此之外，能效标识制度与能效标准的关系也非常紧密，能效标识制度是建立在能效标准之上的，能效标准可以通过能效标识将产品的能效信息传递给消费者。正是由于能效标准的设立，才能够有效地阻挡不符合能效标准的产品进入市场，留下符合能效标准的产品在市场上销售；同时，能效标识制度能够向消费者传达产品的能效信息，能够帮助消费者做出更明智的消费决定，从而促进节能产品的发展，最终达到提高产品能效、减少能源消耗、降低温室气体排放的目的。

2.2 能效标识制度的理论基础

2.2.1 能源效率理论

资源和环境问题的出现，日益深刻地影响着经济的可持续发展，能源效率的研究随之迅速兴起。

1979 年，世界能源委员会首次对“节能”（Energy conservation）提出了较为完整的定义，就是采取技术上可行、经济上合理、环境和社会可接受的一切措施，提高能源资源的利用效率。[①] 1995 年，该委员会又将“能源效率”（Energy efficiency）定义为减少提供同等能源服务的能源投入[②]。之后，国际上普遍开始用“能源效率”来替代“节能”一词。其实，两者的内涵是一致的。

根据以上定义，我国学者王庆一[③]（2003）总结出，衡量能源效率的指标可分为经济能源效率和物理能源效率两类。经济能源效率指标又可分为单位产值能耗和能源成本效率（效益）；物理能源效率指标可分为物理能源效率（热效率）和单位产品或服务能耗。单位产值能耗又称为“能源强度”，它能够反映能源利用的效益，并直观反映出经济对能源的依赖程度。单位产值能耗受自然因素、体制因素、价格因素、技术因素、社会因素、政策因素等的影响。[④]

能源的使用，不能片面考虑燃料或电力的消耗量，还必须深层次地考虑能源使用背后的环境成本和时间成本。目前，世界各国节能环保政策众多，如果忽略这些成本，必将影响经济的健康发展。在计划经济时代，就是片面追求能源的高物理效率，一味粗放地发展，不计成本，不讲求经济效率，从而造成资源的大量浪费，并引发一系列环境问题。

一般能源效率，可以用以下公式表示[⑤]：

$$\text{能源效率}=\frac{\text{某一生产过程的有用产出}}{\text{该生产过程的能源投入}}$$

从公式可以看出，能源效率的本质就是用较少的投入带来更多的产出。目前，世界各国的竞争加剧，经济发展受到能源短缺的影响。我国学者李世祥[⑥]认为，今后我国能源安全体系中最关键的核心要素便是能源效率。如果不下决心提高能源效率，加强节能减排，将对我国环境安全和可持续发展构成极大威胁，直接危害国家能源安全。能效标识制度作为提高能效的重要工具，其最关键的环节便是制定统一的能源效率标准。

能效标准的出现是从家用电器领域开始的，最先从北美和欧盟开始，随后传播到其他国家。家用电器能效标准从提出至今已经有四十多年的历史，但是

---

① IEA. World energy outlook 2014.

② 曹宁，王若虹. 中国能效标识制度实施概况［J］. 制冷与空调，2009（1）：9.

③ 王庆一. 中国的能源效率及国际比较（上）［J］. 节能与环保，2003（8）：5−7.

④ 王庆一. 中国的能源效率及国际比较（下）［J］. 节能与环保，2003（9）：11−14.

⑤ Patterson M G. What is energy efficiency? Concepts，indicators and methodological issues［J］. Energy Policy，1996，24（5）：377−390.

⑥ 李世祥. 能源效率战略与促进国家能源安全研究［J］. 中国地质大学学报（社会科学版），2010，10（3）：47−50.

能效标准并不是从一开始就得到大家的认可，而是从 20 世纪 70 年代的石油危机之后开始流行起来。即使能效标准有多年的发展历史，但相关理论却寥寥无几。家用电器能效标准相关理论还处于发展阶段，因此，在能效标识制度的建立方面并没有确切理论可以提供，最适用的理论也会受目标、家电产品和当地条件等因素的影响而表现出不同的适应性。

学术界对能源效率标准存在很多种解释。Marousek 和 Schwarzkopf 认为，能源效率标准是能源使用效率的最低标准，换句话说是家用电器节约能源的效果；Duffy 认为，能源效率标准是应该由政府强制设定的统一标准，这个标准可以利用规定能源最低的效率水平或者规定能源消耗的最高水平来表示，并且在该政府管辖范围内，受此规定限制的用能产品必须满足相应的能源效率标准才可以顺利进入商品市场进行流通。然而，最明确的定义是由 McMahon 和 Turiel 共同提出的，他们指出，能源效率标准是生产商制造的产品所具有的规定的能源使用效率，有时候会禁止制造比最低能效标准能源使用率高的产品。家电产品的能效标准推动家电制造商在家电低能源使用量的设计方面投入更多的资金，从而减少能源的消耗。

一些国家在设定能效标准时，也许会忽略本国的实际情况而单纯地追求高能效的标准，如果政策制定者没有考虑到一些国内用能产品的生产者也许并没有足够的科技能力来生产这样高能效的产品，那么与国际市场的竞争者相比，本国的产品就没有足够的竞争力。为了解决这个问题，能效标准的推进，可以根据发展中国家的具体情况，分为多个不同的阶段来实行：先从最低的能源效率入手，逐步提高能效标准，只要在不同的阶段逐步削减最低级能效的产品，就可以随着时间和技术的发展，提高整体产品的能效标准。利用这种方法，能效标准会敦促地区生产商提高产品质量，但是必须在有限的时间内完成。有时候，当地生产商也会利用参与跨国企业或者国际许可证贸易等方法，利用大型公司的技术优势达到发展的目的。同时，政府必须确保能效标准是一种动态的标准，这样就可以对用能产品的能效起到持续监督的作用。

2.2.2 环境经济理论

环境经济学是研究经济发展和环境保护之间相互关系的科学，它是经济学和环境科学的交叉[①]，是从经济学角度将环境的价值内化到成本中去，研究如

---

① 李翊．小议环境经济学［J］．探索，1999（6）：53－54．

何通过经济杠杆来保护环境。

20 世纪五六十年代，工业化的大发展为西方发达社会带来了严重的环境污染问题，强烈的社会抗议活动使得当时的经济学家不得不考虑传统经济学的局限性，众多经济学家和生态学家纷纷开始研究经济发展和环境污染的关系问题，环境经济学应运而生。当时的学者已经认识到，一味地利用资源发展经济，一方面，会因为缺乏产权界定而出现“公地悲剧”，造成河流、山川、矿产、草原等资源的浪费；另一方面，也会因资源的过度开采破坏生态平衡，因污染物的大量排放引发严重的环境问题。

更早的古典经济学时期，就已经有经济学家开始关注资源环境问题。但由于当时的污染问题并不严重，他们的目光主要集中在自然资源（主要指土地资源和矿产资源）对经济发展和人类社会的限制性上，这其中的代表人物便是威廉·配第和马尔萨斯。前者的经济学名言“土地为财富之母，劳动为财富之父”可以认为是资源价值论的最早萌芽[①]；而后者在 1798 年出版的代表作《人口原理》中，提出了相当悲观的论调，认为地球上的自然资源，尤其是土地和粮食是有限的，而人类不加节制地快速繁衍，最终必然会出现粮食不足的局面[②]。虽然庆幸的是，马尔萨斯的预言至今并未出现，但确实第一次为人类敲响了警钟，人类无限制地发展必然会面临有限资源的匮乏，这也成为可持续发展理论的思想渊源。

到了 20 世纪 80 年代，产生了当代环境经济理论，该理论更加着重揭示环境系统的宏观问题。其主要观点是：经济过程在物质上依赖于环境，经济活动必然产生环境成本[③]。当从经济学考虑，将环境作为一种“资产”，去分析其稀缺性之后，当代环境经济理论提出了经济可持续发展理论，作为政府干预环境质量和经济发展的矛盾的施政方针。

环境经济学在能效研究领域的运用所奠定的理论主要是：高能效作为纽带，能有机地将经济发展和环境保护连接起来。一方面，能源效率的提高减少了能源的使用，直接减少了废气、废水、固体废物等污染物的产生，从而保护了环境；另一方面，高能效产品的大量使用也促进了经济的健康可持续发展。

---

① 威廉·配第. 赋税 [M]. 邱霞，原磊，译. 北京：华夏出版社，2006.

② 马尔萨斯. 人口原理 [M]. 陈小白，译. 北京：华夏出版社，2012.

③ 白蓉. 资源环境经济理论的溯源与演进 [J]. 商业时代，2012 (6)：17—18.

2.2.3 可持续发展理论

可持续发展（Sustainable Development）在1980年由联合国环境规划署、国际自然和自然资源保护联合会以及世界自然基金会共同出版的文件《世界自然保护策略：为了可持续发展的生存资源保护》中被正式提出，从而引起世界范围内对可持续发展理论的研究。随后，世界环境与发展委员会在1987年发布了名为《我们共同的未来》的报告，并在报告中明确指出，只有在经济和社会持续发展的过程中才能真正解决环境问题。报告同时明确了可持续发展的定义，即“持续发展是既满足当代人的需要，又不对后代人满足其需要的能力构成危害的发展[①]。”可持续发展理论在20世纪90年代初在全球范围得到认可和推广，中国学者也在该时期开始对可持续发展进行研究，并提出了中国国情下的可持续发展战略，在该战略思想的引导下，一批更为科学的政策被深入研究并实施，能效标识制度无疑是其中的重要成果。

《1996年人类发展报告》着重研究了国家发展中遇到的“有增长而无发展”的现象。这是很多国家工业化和城市化进程中出现的发展困境。当一味地追求经济的高速增长，只注重经济的规模和产出，而忽视资源和环境的约束时，就会出现这种特殊发展阶段。以资源的大量浪费和环境污染为代价去片面促进国民生产总值的增长，是一种效益低下的粗放型发展模式，资源的耗竭和严重的空气污染会降低社会总福利，影响人民的健康生活。

关于可持续发展的基本要素，关键有两点：满足需要和对需要的限制。满足需要，就是要首先满足贫困人口的基本需要，保障贫困人口的基本生存；而对需要的限制，主要是指对未来环境需要的能力构成危害的限制[②]，这种能力一旦被突破，必将造成地球生态系统的失衡，土壤、水源、大气等的破坏将直接威胁地球生物的生存。

关于可持续发展的内涵，学者李龙熙从全球普遍认可的概念中，梳理出“共同发展、协调发展、公平发展、高效发展、多维发展”五个方面[③]；关于可持续发展的具体内容，主要涉及经济、生态和社会三方面的协调统一，这三者要协同共进，人类在发展中不能仅仅追求经济效率，也需要时刻维护生态系

---

① 李慧凤．西方资源环境经济理论评介［J］．商业时代，2006（33）：12－13.

② 冯华．怎样实现可持续发展——中国可持续发展思想和实现机制研究［D］．上海：复旦大学，2004.

③ 张超．农村环境污染防治规划理论及实证研究［D］．开封：河南大学，2010.

统的稳定，追求社会的公平，最终达到三方的全面可持续发展。

关于可持续发展的基本特征，可以简单地归纳为三点："可持续发展鼓励经济增长，标志是资源的永续利用和良好的生态环境，目标是谋求社会的全面进步"①。关于可持续发展的基本思想，可以概括为五项内容："可持续发展并不否定经济增长；以自然资源为基础，同环境承载能力相协调；以提高生活质量为目标，同社会进步相适应；承认自然环境的价值；是培育新的经济增长点的有利因素"②。可以看出，随着社会的不断发展，可持续理论不断丰富充实，已经超越了单纯环境保护的范畴，成为涵盖经济、社会、环境以及文化等方方面面的全面性战略。

作为我国治理气候变化的重要政策手段，能效标识制度自实施以来，取得了巨大的经济效益和社会效益，迅速在世界各国广泛传开。该制度能够有效地激励企业创新，促进企业提高节能技术，淘汰低能耗低收益的产品，同时向消费者传播产品能耗信息，提高消费者的节能意识，长此以往形成企业和消费者之间的良性循环，这完全符合可持续发展的精神内涵。

2.2.4　新制度经济学理论

20 世纪六七十年代，以科斯为代表的一批经济学家开始对当时主流的新古典经济学理论提出批判和质疑，他们认为，传统的经济学分析中，一直都将经济制度当成既定的假设，理想地认为市场是完全竞争的，不存在逆向选择和道德风险，信息都是完备的，没有摩擦，而现实的市场却远非如此。科斯、张五常、威廉姆森以及诺斯等，发展了旧制度经济学的制度理论，并修正补充了主流的新古典经济学，形成了完整的新制度经济学理论体系。

新制度经济学认为，人类行为并不能简单用新古典主义的经济人加以解释，在人类行为的过程中，机会主义倾向是真实存在的。此外，完全竞争、确定性和完全信息等环境假设也是不切实际的，在现实生活中，环境的复杂性和不确定性、信息不对称等问题都会阻碍经济发展。而制度的存在是为了降低人们相互作用的不确定性，从而通过影响个人行为促进经济增长。诺斯认为，在长期的经济变迁中，技术因素的作用不再明显，制度才是促进经济增长的主要因素。

① 郭燕．环境侵权的民事救济法律问题研究［D］．成都：四川社会科学院，2010.

② 李龙熙．对可持续发展理论的诠释与解析［J］．行政与法，2005（1）：3—7.

除了交易成本理论，产权界定也是新制度经济学的重要内容。新制度经济学家认为，产权作为一种权利，更是一种社会关系，强制规划人们的相互行为关系，其实质是一套约束与激励机制。新制度经济学观点认为，产权的明确界定对资源的有效配置有着基础性作用，可以有效避免交易纠纷和外部性问题，同时提高资源利用率。

新制度经济学将国家看作一种比较优势组织，该组织在行使国家权力时有着特殊职能，换句话说，国家可以以制度经济学为依据行使制度的各项功能。制度与风俗、道德、习惯等社会规范并不相同，制度具有强制性和普遍性，是具有成文化、组织化和定型化的社会准则。制度的首要作用是约束作用，制度的存在可以规范社会活动和社会关系，管理和控制人们的行为举止，从而维持稳定的社会秩序。其次，制度也具有认知功能，它可以作为某种认知定式或行为定式来统一人们的行为和认知，迫使社会成员在认识和观察事物时，运用社会制度来衡量。最后，制度还具有政治管理的功能，这个功能建立在约束作用和认识功能的基础之上，能够以固定的形式将政治的管理程序稳定下来，维护政治管理的权威性、合法性和独立性，避免受到人为因素的影响，从而使公正有效的管理过程得以完善①。

能效标识制度作为一项合理、先进的社会制度，是有史以来最有效的将节能效果标准化的制度，实施此制度的成本低、效果好，易于在全世界范围推广使用。该制度为全球 40 多个国家带来了显著的环保节能效果和社会经济效益，欧盟及美国、日本、澳大利亚等已经很成功地实行了能效标识制度，获得了丰富的实践经验。该制度把合乎历史前进要求的标准传递给人们，使人们站在历史必然性的基准上来观察和处理人口、资源和环境问题，从而有助于社会稳定和经济发展。

2.2.5 发展经济学理论

发展经济学（Development Economics）作为一门新兴的学科，致力于研究广大发展中国家如何发展经济，摆脱贫困，走向繁荣。自 20 世纪 40 年代兴起以来，发展经济学经历了两次危机，并在危机的冲击下实现了两次改革，从

① 黄凯南，程臻宇. 制度经济学的理论发展与前沿理论展望 [J]. 南方经济，2018 (11)：15-26.

而经历了由盛而衰，由衰再兴的三个发展阶段①。

第一个阶段是 20 世纪 40—60 年代。第二次世界大战结束后，众多国家摆脱了殖民统治，纷纷独立，获得了民族解放，摆脱了殖民统治。它们认识到发展经济、进行工业化是走向富强的必由之路，而由于经济基础薄弱，缺乏西方社会已存在的经济条件，完全照搬西方模式往往会失败。因此，出现了第一批发展经济学家，建立起区别于传统西方古典经济学的理论体系。这其中的代表是罗斯托、刘易斯、切纳里、罗森斯特・罗丹、张培刚等。第一阶段的发展经济学家认为制约落后国家发展的主要因素是农业经济、资金匮乏、依附原宗主国的殖民体系等，因此他们提出了强调资本积累、工业化、计划经济以及内向发展等理论和政策主张，一时间在发展中国家广为盛行。由于提出了完全不同于西方国家的发展模式，他们的发展观也被称为赶超型的结构主义，因此这一阶段也被称为结构主义阶段。

20 世纪 60 年代中期，发展经济学理论遇到了第一次危机，开始进入由盛而衰的第二阶段。在早期发展经济学理论的影响下，众多发展中国家实行计划经济，奉行进口替代战略，由国家主导工业化和经济建设。实践证明，这些国家并没有摆脱贫穷落后的局面。反观那些模拟西方模式，以出口导向战略为主导，发挥市场机制作用的东南亚国家，经济取得高速发展。在这种背景下，发展经济学一度受到怀疑，出现“衰落”，开始走下坡路②。随后，新古典主义经济学的观点悄然回归，并开始逐渐深入发展经济学的各个领域，带来了发展经济学的第一次革命，使得发展经济学重新焕发了生机。这一阶段，发展经济学理论开始注重市场机制的作用，以价格调整为核心，主张私有化、经济自由化，反对政府的过多干预，因此，这一阶段也被称为新古典主义经济学阶段。

20 世纪 80 年代后期，发展经济学开始再次兴盛起来，进入全新的第三阶段。这一阶段的来临主要有两方面的原因。第一，西方发达国家自身面临着滞涨的发展困局，而以新古典主义经济理论主导的发展经济学也并未取得预期效果，甚至为进行市场化结构改革的发展中国家带来了通货膨胀、企业倒闭、债务危机等新问题。由于发展中国家市场机制不健全，缺乏一定的政治、法律、文化基础，完全依靠自由市场的作用并没有起到应有的效果，而且开放的经济体系相对脆弱，受经济危机的影响越来越大。第二，新制度经济学理论取得了

---

① 高波. 经济发展理论范式的演变 [J]. 南京大学学报（哲学・人文科学・社会科学版），2010，47 (1)：43—54，159.

② 邹薇 . 发展经济学理论的危机与新发展 [J] . 当代经济研究，2002 (4)：13—18.

重大突破，交易成本理论和不完全信息理论广泛传播，并深入经济学的各个领域。发展经济学家也开始将新制度经济学的理论成果推广和应用到已有的发展经济学理论中，摒弃原本的新古典主义观点，不再注重纯粹的经济分析，将制度因素看作影响发展中国家经济的关键因素。

现阶段，即发展经济学的第三阶段，最主要的特征便是将政治、文化、法律等制度因素内生化，不再将其视为既定的外在条件，而是将其视为促进经济发展的重要因素①。本书研究的能效标识制度，正是利用先进的制度，通过设置市场的进入门槛以及影响消费者决策来提高用能产品的能效水平，已取得显著的节能减排效果，完全符合最新的发展经济学的内在要求。我国是世界上最大的发展中国家，又是世界第二大经济体，在经济高速发展的同时，亟须建立完善的能效标识制度去减轻我国的资源和环境压力，实现我国经济的可持续发展。

透过不同的视角将资源和环境的关系进行阐述，为研究能源效率的问题打下基础，以可持续发展理论和环境经济理论为基础，将能效理论、新制度经济学理论以及发展经济学理论作为分析工具去抓住环境保护和经济发展的平衡点，从而达到对能效标识制度全面而准确的认识。

① 高鸿鹰. 新结构主义经济发展理论评述 [J]. 经济学动态，2011 (2)：111-116.

第 3 章　国际先进经验的总结与借鉴

20 世纪 80 年代以来，为了降低能耗和提高能效，同时保护环境和减少温室气体排放，很多国家陆续开始实行用能设备能效标识制度。日本、美国、中国、韩国、印度，以及欧盟等都已陆续开始实施能效标识制度，但实施情况却大不相同。其中，发达国家通过对能效标识制度的良好实施，充分起到了降低能耗、提高能效乃至促进经济发展的作用。欧盟及美国、日本的能效标识制度运行特点及其优势，对于我国能效标识制度的发展有着极其重要的意义。

3.1　欧盟经验总结

欧盟作为当今经济和政治都高度一体化的区域组织，其早在 20 世纪 50 年代就提出了能源一体化，并为提高能效和改善环境提出了多项措施，在提高能效和环保方面已经形成了一个成熟的框架体系，成功地开展了能效工作。欧盟的能效标识制度于 1992 年应运而生，至今已形成一套完整的能效标识制度体系。

3.1.1　欧盟能效标识制度的形成与发展

欧盟是世界一大能源进口地区，消耗着世界近五分之一的能源。面对消耗和需要进口的能源越来越多，欧盟深刻地明白能源战略对于其发展的重要性。因此，早在 20 世纪 50 年代，欧盟就开始了能源一体化进程，并且随着能源危机的愈发严重以及环境的日益恶化，欧盟能效标识制度应运而生。

3.1.1.1　形成背景

“第二次世界大战”后，能源成为一个国家发展动力的决定性因素。欧盟作为工业革命的起源地，成为世界上第一批走向工业化的发达国家区域联盟，能源对其重要性不言而喻。欧盟能效标识制度的提出，是经济发展到一定阶段的产物，也是欧盟本身资源缺乏的必然结果。

首先，经济发展与能源消耗的关系。欧盟委员会官网发布的《2015 能源报告与预测》，统计了 1995—2015 年欧盟 GDP 与能源消费量（GIC）的变化关系，并运用科学的方法预测出未来 35 年的 GDP 与 GIC 的变化走势，如图 3-1 所示。

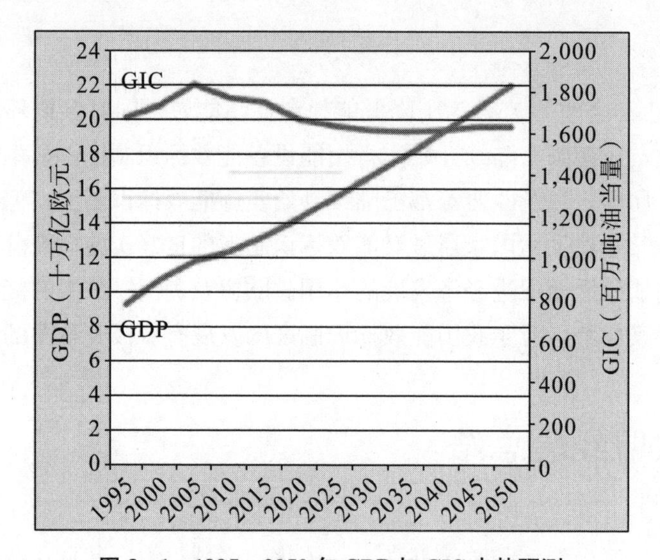

图 3-1　1995—2050 年 GDP 与 GIC 走势预测

（资料来源：欧盟委员会官网，http://www.consilium.europa.eu/en/home/）

从图 3-1 中可以看出，从 1995 年到 2007 年，GDP 增长走势与 GIC 走势几乎一致；到 2008 年，能源消耗率得到了有效的控制；2008 年至今，GDP 与 GIC 呈现出反向增长趋势，并且预测未来，这种趋势会持续并将在 2045 年实现经济增长首次超过能源消耗，这就意味着经济增长不再依靠能源。从图 3-1 中可知，至今为止，欧盟经济的发展依然靠的是能源的消耗，但是能源消耗大、如何提高能源利用率早已提上日程。未来，欧盟将会采取各种措施减少能耗，提高能源利用率，使经济脱离能源增长。

其次，能源进出口现状。石油、天然气、煤炭等作为基本能源，并不是用之不竭的，是不可再生的。欧盟是当今能源进口的一个主要地区，十分依赖其他国家的能源资源。欧盟作为世界第二大经济体，消耗着世界近五分之一的能源，但却只有非常少的一部分来自欧盟本土。欧盟属于能源稀缺、进口依赖性强的区域组织。欧盟 2010—2050 年能源进口和进口依存度走势预测如图 3-2

所示。

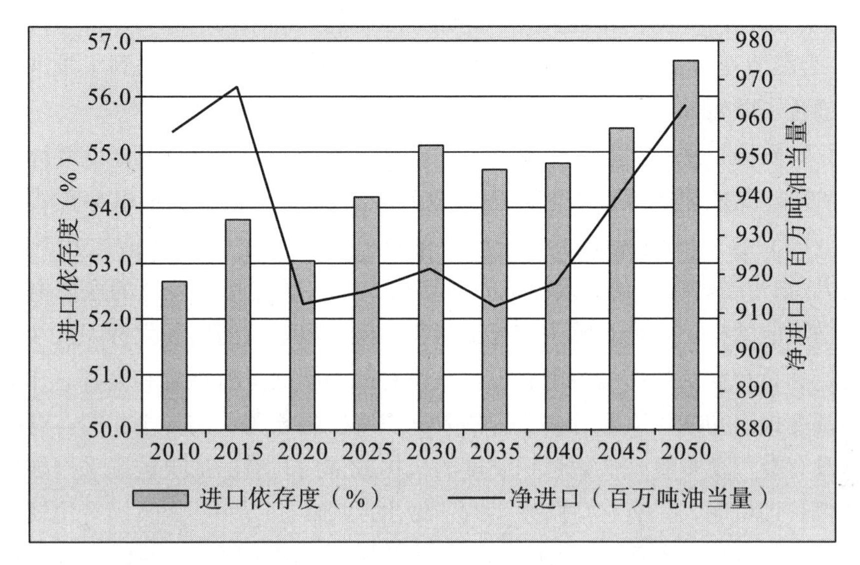

图 3－2　欧盟 2010—2050 年能源进口和进口依存度走势预测

（资料来源：欧盟委员会官网，http://www.consilium.europa.eu/en/home/）

从图 3－2 中可以看出，2010 年至今，欧盟的能源进口依存度高达百分之五十几，并且一直处于上升阶段。欧盟希望通过强有力的节能和提高能效的手段，在未来对外国的能源依赖性能够有所下降。

欧盟成员国作为发达国家，历来注重环境和经济的协调发展，一直致力于环境政策的研究。从欧盟能源状况我们不难看出，欧盟的发展与能源息息相关，然而从全球经济发展的趋势来看，能源价格上涨、能源供应紧张和能源消费所带来的环境问题，将是世界上包括欧盟成员国在内的每一个国家和地区不得不面对和解决的问题。21 世纪以来，欧盟对能效问题越发重视，提出了可持续发展、能源供应安全和提高竞争力三大能源政策目标，并且相继提出作为短期目标的《2020 能源与气候一揽子计划》、中期目标的《2030 气候和能源政策目标》以及远期目标的《2050 能源路线图》与能源政策相辅相成，以达到节能减排的目标。

3.1.1.2　发展历程

欧盟能效标识制度从 1992 年出台至今，主要经历了以下几个阶段：

第一阶段：从 20 世纪 50 年代至 20 世纪 80 年代。此阶段是节能政策的提出阶段。自 20 世纪 50 年代，欧盟就开始注意到欧盟内单个成员国无力解决能源问题。为统一各国能源政策，欧盟于1951年提出了《欧洲煤钢共同体条约》，紧接着在1957年相继发布了《欧洲原子能共同条约》和《欧洲共同体条约》，为欧盟开启了节能政策的大门。1968年《能源政策》也得到了批准，进一步细化了欧盟的节能政策。

第二阶段：从20世纪90年代至21世纪初期。此阶段是家电能效标识的提出阶段，是欧盟能效标识制度的形成阶段。1992年，欧盟理事会正式发布92/75/EEC指令《用标识和标准产品信息表示家用电器消耗能源和其他资源》，该指令是家用电器能效标识的框架指令，它规定指令涉及的家用电器只有加贴了能效标识才能在欧盟市场上销售。此阶段，欧盟的能效标识仅涉及家电类产品，且涉及的产品范围有限，欧盟对此不断地进行探索和完善。在能效标识制度提出初期，欧盟各成员国能效标识制度的相关机制各不相同，有的成员国没有专门负责管理能效标识制度的机构或部门；有的成员国则采用被动式的监督管理机制，只有在危险发生时才做出反应；也有一些成员国有比较系统的能效标识制度管理机制。因此，欧盟号召各成员国政府设立专门机构进行能效标识制度的统一管理，并非常重视监督机制的建立和运用。比如，1993年欧盟发布了题为《从第三国进口产品时产品安全规则符合性检查》的/339/93/EEC指令，1994年欧盟委员会发布了《以新方法和全球方法为基础的指令的实施指南》，并在1999年对该指南进行了修订，2008年出台了768/2008/EC指令《产品投放市场的通用框架》和765/2008/EC指令《建立与产品投放市场有关的认可和市场监督活动的相关要求》。这一系列指令的出台充分反映了欧盟希望在各成员国内建立统一能效标识制度管理机制的决心，也为监管机制的建立奠定了一定基础。

第三阶段：2000年至今。此阶段是能效标识不断更新和完善的阶段。这一阶段，欧盟能效标识制度得到了大力的完善和推广。首先，就家用电器而言，越来越多的电器贴上了能效标识标签，包括家用空调、家用电视机、家用滚筒干衣机、家用洗衣机、家用洗碗机、家用制冷器具、灯具等。其次，建筑和汽车能效标识制度也得到了规范和推广。2002年12月16日，欧盟颁布了《欧盟建筑物能源性能指令》（2002/91/EC），规定了一系列建筑节能的新措施，至今这些措施仍为欧盟节能事业发挥着重要的作用。2008年11月13日，欧盟委员会拟定了《轮胎燃料效率及其他基本参数标识的指令的提案》[①]，将汽车轮胎纳入能效标识制度范畴。此外，欧盟先后公布了与能效标识制度并行

① 陈文科．张培刚发展经济学思想的"两次飞跃"[J]．江汉论坛，2012（2）：23-27.

的一系列措施，如欧盟对数量庞大的用能产品设计了生态设计指令，EuP（Energy－using Products）指令[①]和 ErP（Energy－related Products）指令[②]。EuP 指令第一次提到生态设计的概念，并且将此概念的适用范围明确为用能产品，涉及产品覆盖了能耗产品的绝大多数种类，并考虑产品在其整个生命周期内的环保效果。ErP 是 EuP 指令的替代，将产品的使用范围由最初的耗能产品扩大为能源相关产品，对原 EuP 指令的主要条款予以保留。ErP 指令对用能产品的生态设计指标提出了新的总体要求。[③]

总之，欧盟作为发达国家的区域联盟，利用高科学技术水平，制定了严格的家用电器、建筑和汽车能效标识制度，建立了一套较为完善的法律体系，在一定程度上变成其他国家产品进入欧盟的准入门槛。能效标识制度作为能源相关产品生态设计标准的规范，涵盖的产品范围比较广泛，并且为这些产品制定了较高的环保标准。

3. 1. 2　欧盟能效标识制度的运行模式

3. 1. 2. 1　运行基础

自 20 世纪 50 年代开始，欧盟就发现能源是欧盟单个成员国无力解决的难题。为统一各国能源政策，《欧洲煤钢共同体条约》（1951）、《欧洲原子能共同体条约》（1957）和《欧洲共同体条约》（1957）相继发布，后来《能源政策》（1986）也得到了批准。21 世纪以来，欧盟对能源问题越发看重，提出了可持续发展、能源供应安全和提高竞争力三大能源政策目标，这些为能源政策目标制定的各种法律和指令都构成了欧盟能效标识制度运行的法律基础。

2000—2006 年欧盟委员会 COM（2000）247 号通报《欧盟提高能效的行动计划》。该计划确立了两大能效目标：一是，到 2010 年，可实现 1998 年提出的欧盟总体节能目标 18%的 2/3；二是，借助市场力量和新技术推广等措施确保能效水平的长期持续提高。为了实现该计划，欧盟委员会提出了三项主要措施：第一，整合各部门能效政策；第二，加强和推广现行能效政策；第三，对能效政策和措施进行创新。

---

① 张建华．论发展经济学的革命与再革命［J］．理论月刊，2008（7）：5－10.

② 第 COM（2008）779 号指令为其最终版本.

③ 欧州议会和委员会 2005/32/EC 指令《为设置用能产品的生态设计要求建立框架并修订欧盟理事会 92/42/EEC 指令和欧洲议会与欧盟理事会 96/57/EC 和 2000/55/EC 指令》.

欧盟在2006年制定的《能源效率行动计划》中明确了欧盟总体的能效目标：到2020年，欧盟总体实现节能20%的目标。为了更好地完成此目标，欧盟委员会在2008年11月发布了COM（2008）772号通报《实现节能20%目标的关键》，希望通过该文件更好地督促各成员国将提高能效节约能源的政策落到实处，确保在2020年可以如期完成能效目标。

2014年以来，欧盟拟定了众多新的能效行动计划，明确规定了欧盟总体的气候和能源目标：到2020年，减少至少20%的温室气体排放量，增加可再生能源的份额至少20%的消费，实现节能20%以上，所有欧盟国家也必须实现10%的可再生能源在运输部门的份额；《2030年气候与能源政策框架》涵盖了2030年和2020年之间所有欧盟范围内的政策目标，帮助欧盟实现更具竞争力、安全和可持续的能源系统，以满足2050年温室气体减排长期目标。2050年长期目标规定，与1990年相比，到2050年，欧盟温室气体减排80%～95%，三分之二的能源来自可再生能源，电力生产几乎没有排放。2050年期间的目标是兼容的温室气体减排目标，同时提高竞争力和供应安全的能源系统的过渡。为实现这些目标，需要致力于研究新的低碳技术、可再生能源、电网基础设施以及提高能源效率。

不管是欧盟颁布的强制性法律法规，还是制定的一系列节能减排的目标，都能看出欧盟对节能、提高能效的决心，在其能效标识制度制定和实施过程中，这些法律法规和目标不仅为其提供了扎实的法律基础，还为其顺利实施保驾护航。

3.1.2.2 运行机制

为了完成欧盟定下的2030年节能27%的目标，并给后续能效改革做好准备，欧盟出台的能效指令中规定的大部分条款需要各成员国尽快执行。该指令要求全部欧盟成员国在能源产业链的全过程中都要高效利用能源，涵盖能源产生、能源运输、能源分配和能源消耗等各个方面。

首先，欧盟通过高效的能效标识指令的转换，传达给各成员国。在欧盟发布法律文件时，各成员国需要将欧盟法律转换为本国法律再实施，并制定更加详细的相关法律。错误地转换指令和不按时转换指令都被认为是破坏欧盟统一内部市场的政策，破坏欧盟经济和社会的健康发展，欧盟委员会及其成员国可根据《欧洲共同体条约》的规定，向欧洲法院对未履行转换义务的成员国提起诉讼。

其次，欧盟对用能规范提出了更高的要求，以促进指令快速有效的实施。

这些要求包括：第一，每个成员国都有义务在 2015 年前以各国常用的方式公布各国的能效目标，并将该文件中的数据以 2030 年最初能源消耗和最终能源消耗的方式表示出来；第二，成员国在达到最终节能目标期间（2014—2030 年）必须通过使用节能主题计划或其他有针对性的政策措施推动家庭、工业和运输行业能源效率的改善；第三，为消费者提供简单、免费的实时访问，了解消费者历史能耗数据，通过准确的个体计量，让消费者更好地管理其能源消耗量；第四，激励中小企业对能源情况进行审计，并了解大型公司节能实践的经验。

再次，欧盟针对提出的能效政策都会附带相应的计划实施措施，为政策的实施保驾护航。主要从六个方面来具体执行能效政策：一是提高各类产品、建筑物和服务的能效水平，使用各类能效标识及标准来规定最低的能效标准，逐步提高各类产品的平均能效水平；二是促进能源转换技术发展，主要针对热电联产效率的计算方法、“能源原产保证”、技术要求等的制定；三是交通领域的限制措施，对公路运输碳排放量做出明确规定，发布清洁道路运输车辆的指令，研究汽车空调系统的最低能效要求；四是能效融资和能源定价，通过联合能源服务公司、国家银行等公共或私人基金机构推动绿色投资项目的进行；五是改变用能习惯，听取欧盟委员会的采购指导方针，推进能源管理计划，建议成员国把能源安全和气候变化等内容纳入国家教育课程；六是国际合作，与贸易国制定“国际能效合作框架协议”，创建国际性能效标识信息网络。

最后，欧盟能效标识制度具有完善的能效标识测评体系。欧盟是全球运行能效标识制度最早的地区，且较为成功地在欧盟范围内推行了能效标识制度，已形成一套完善的管理测评体系。这主要体现在以下两个方面。第一，能效标识制度实施范围持续扩展。能效标志制度建立初期，仅包含家用电器在内的八类，随着产品的扩展，现今已扩大到工业照明、汽车、建筑和电子办公设备等多方面。第二，欧盟制定了较翔实的规定和指令，并审时度势，不断对其进行修改和完善。例如，1994 年，欧盟颁布《实施理事会关于家用电冰箱、冰柜及其组合产品的能效标识》，对家用电冰箱进行能效标识管理，九年后，欧盟对其进行了修改和完善，在 2006 年，欧盟又新增了保加利亚与罗马尼亚能效标识图案。并且在 2009 年，又在能效标识七个等级（A 到 G）的基础上增加了 A^{+} 和 A^{++} 两个等级，来适应技术的发展。

总而言之，虽然欧盟规定成员国必须采取措施实施能效指令，但因为各成员国的管理体制差异，各国对能效标识制度的监管体系不同，能效标识制度的具体实施方式仍由各国自行拟定，各成员国须单独执行能效标准、标识制定与执行以及监督管理工作。

3.1.2.3 监管机制

欧盟能效标识经过多年的发展，不管是电器还是建筑、汽车和办公设备方面，都已经形成一套完整、完善、高标准的测评体系。一项制度的顺利实施往往离不开完善的监管体系，而完善的监管体系不仅需要市场的自我监管，还需要政府和社会紧密无间的配合。欧盟的能效标识监管体系包括市场监督机制、行政监管机制和社会监督机制，在这三种监督机制的充分配合下，能效标识制度得以顺利实施。

首先，市场监督机制。欧盟能效标识制度的市场监督机制主要是生产商和经销商之间的互相监督和行业协会的监督。第一，生产商和经销商之间的互相监督。生产商在生产销售过程中会对同业竞争者的产品进行研究，生产商可以从专业角度对产品做出评估。经销商要对销售的节能产品的质量和能效水平负责任，需要对经销商定期进行培训，在销售家电产品的过程中对其进行监督，将能效不合格的产品及时制止在市场之外。市场参与者通过这样的互相监督，维持市场公平竞争的环境，保证市场中流通商品品质，为消费者提供良好的购物环境。第二，行业协会的监督。行业协会在能效标识制度的监管中有着非常重要的位置，因为其对行业市场的发展情况、能效信息的更新状况以及能效标识的运行情况有着非常深入的了解。行业协会拥有能效标识相关刊物，可以刊登企业节能产品的能效信息，揭发不符合能效标准的产品。例如，欧盟的建筑节能行业协会，具有一定的规模，起着重要的监督作用。

其次，行政监管机制。欧盟能效标识制度是由欧盟各成员国政府设立的专门机构进行行政监管的。一是，各部门紧密配合，为能效标志制度成功实施提供行政保障：欧洲议会与理事会制定框架性指令，欧盟委员会则负责拟定具体的措施和政策；欧盟委员会旗下的能源总司进行能效政策制定；欧盟能源暨运输总署参与能效政策的推广，拟定具体的能效标准，其所属部门“新能源与需求管理组”承担能效标识制度运行的工作；此外，还建立了欧盟委员会联合研究中心和能源研究院为其提供技术支撑。欧盟各能源效率管理机构间分工明确、合作无间。二是，颁布配套法令，保证能效标识制度的有效执行。1993年，欧盟发布了题为《从第三国进口产品时产品安全规则符合性检查》[①] 的339/93/EEC指令；1994年，欧盟委员会发布了《以新方法和全球方法为基础

① 欧洲议会和理事会2009/125/EC指令《为设置能源相关产品的生态设计要求建立框架》.

的指令的实施指南》，并在 1999 年对该指南进行了修订；2008 年，出台了 768/2008/EC 指令《产品投放市场的通用框架》[①] 和 765/2008/EC 指令《建立与产品投放市场有关的认可和市场监督活动的相关要求》[②]。这一系列指令的出台，充分反映了欧盟希望在各成员国内建立统一行政监管机制的决心，也为市场监督机制的建立奠定了一定的基础。总之，欧盟行政监管的目的在于无论产品原产地是哪里，公民在统一的市场中都受到同等水平的保护，消除不正当竞争，维护市场交易的正常秩序。

再次，社会监督机制。社会对于能效标识制度实施的监督是一种非专业标准的监督，社会各个成员都可以对市场流通的节能产品进行环保标准的关注和质疑，行使自身的监督权力，多采用反馈的机制对产品能效标准进行监督。一是消费者反馈监督。欧洲消费者的绿色环保意识普遍较强，对于产品绿色标准的知识了解也较多，在购买节能产品时，能效标识是一个重要的标准。消费者需要建立绿色消费观念，将保护环境、节约能源作为自己的责任，充分发挥自身的监督反馈作用。消费者如果在消费过程中发现不合格或有疑问的商品，具有向有关部门投诉举报的权力。二是媒体舆论监督。媒体通过对特殊事件的报道，引起公众对特定事件的思考，同时向社会传递积极的信息。将媒体引入能效标识制度的监督机制，有助于能效标识制度的推广和绿色节能事业的发展，有助于对消费者进行引导和教育。如果发生生产商欺瞒消费者的情况，媒体舆论的出现可以对消费者进行保护，并对生产商施加压力，催促其尽快解决产品安全问题。

最后，欧盟运用互联网和通信技术，建立用能产品能效信息数据库，对产品能效信息平台不断进行修整和完善，及时更新有关建筑和用能产品的能效信息，建立能效标识投诉系统，并配套建立相应处理投诉的仲裁机构，一步步形成完备的社会监管体系，以此提高能效标识的适用性。

综上所述，欧盟自实施能效标识制度以来，在政府、企业、市场和社会的共同监管下取得了良好的效果。以欧盟建筑节能证书制度为例，其不但可以使建筑物节能降耗减排，还对建筑市场乃至整个社会影响颇大，欧盟在建筑节能方面的显著成果，对我国建筑节能制度及整个能效标识制度的完善和发展都具有巨大的借鉴意义。

---

① 黄乐．欧盟能源效率政策研究及启示［D］．北京：华北电力大学，2012.

② 欧盟 339/93/EEC 指令．

3.2 美国经验总结

经过多年实践，提高能源的使用效率是最经济有效的解决途径，而能效标识制度作为提高能源效率的主要实施办法之一，对规范用能产品的能耗水平、推广能效标识产品等有着显著成效。在众多实施能效标识制度的国家中，美国能效标识制度建立较早，成功经验也较为丰富。

3.2.1 美国能效标识制度的形成与发展

在20世纪70年代初，“中东战争”和“两伊战争”的爆发，带来了两场能源危机，使得美国遭受了巨大的损失，严重阻碍了美国经济的发展。为缓解能源危机带来的经济风险和能源冲击，美国开始逐步采取一些措施来降低能源危机带来的恶果。随后，美国开始重视提高能效，并制订一系列能源政策提高能源效率，从而降低能源消耗。其中影响力较大、实施效果较好的就是能效标识制度，可以说美国是实施能效标识制度最为成功的国家。

3.2.1.1 形成背景

目前，能源问题同样制约着美国工业、经济、消费等方面的可持续发展，能源已经成为一个国家发展动力的决定性因素，安全、高效并且清洁的能源不仅为用能产品提供动力，也成为现今经济、能源可持续发展与环保发展的动力。

首先，经济发展与能源供给的关系。经济的发展离不开能源，图3-3是1960—2017年美国GDP总量走势图，图3-4是1950—2015年美国能源消耗产出和进出口走势。对比两图可以发现，美国在1970—1980年、1980—1985年和2008年出现的经济衰退，相对应的能源消耗总量也出现下滑。20世纪50年代至今，美国整体经济波动较大，其间出现了5～6次的经济大幅度下滑，整体经济状况不稳定。而从能源上来看，能源消耗日益增长，伴随着能源生产的增长，能源净消耗不断增加。

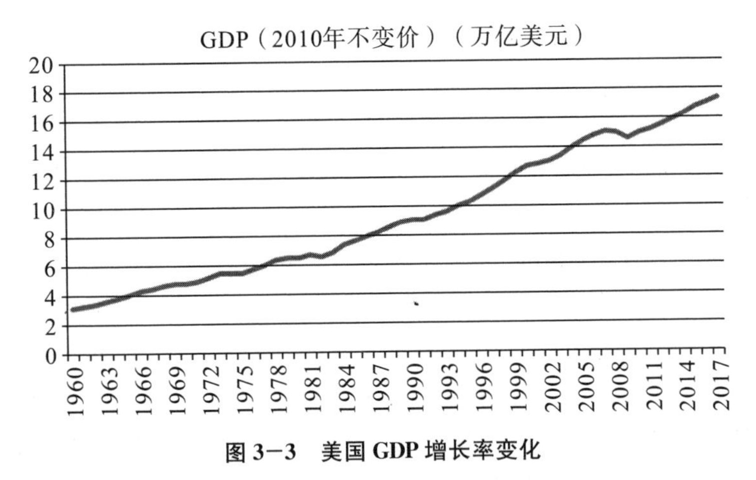

图 3－3　美国 GDP 增长率变化

（资料来源：世界银行. http://data. worldbank. org. cn/indicator/NY. GDP. MKTP. KD. ZG?locations=US）

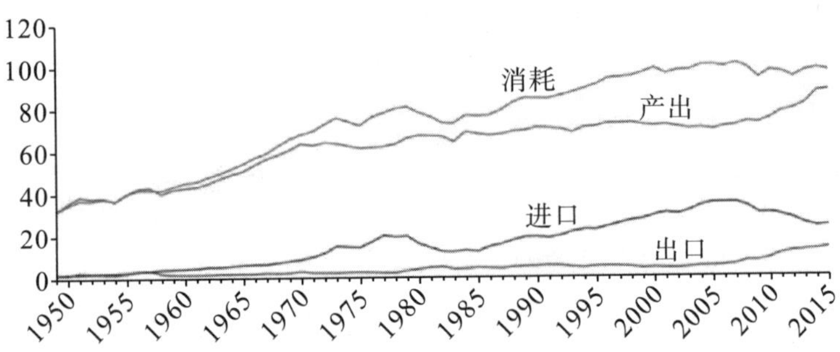

图 3－4　1950—2015 年美国能源消耗产出和进出口走势（单位：Quadrillion Btu，万亿英热）

（资料来源：美国能源信息网. http://www. eia. gov/totalenergy/data/browser/#/?f=A&start=1949&end=2015&charted=4－6－7－14）

其次，能源进出口现状。如图 3－4 所示，美国一直属于能源进口大国，能源进口从 1950 年的 1.465 万亿英热增加到 2015 年的 12.902 万亿英热，能源消耗也从 1950 年的 34.616 万亿英热增加到 2015 年的 97.344 万亿英热，总量日益扩大，能源危机不断凸显。2000 年以来，美国采取了多种措施鼓励能源的生产，取得了良好的效果，使能源产量和能源出口有所增加，能源进出口逆差得到了一定的缓和。

最后，环境污染问题凸显。由于能源使用带来的环境污染问题逐渐凸显，环境污染势必会阻碍经济的可持续发展，但是又不能减少能源的使用，美国政府认为只能够提高能源的使用效率才能够既不影响经济发展，又不增加对环境的污染。于是，美国政府开始重视提高能源效率，并制订了一系列能源政策以提高能效、降低能源消耗。

3.2.1.2 发展历程

第一阶段是20世纪70年代至20世纪80年代，此阶段是能效标识形成阶段。20世纪70年代初，由于“中东战争”爆发，石油输出国组织成员国阿拉伯宣布收回石油标价权，原油价格翻了三倍之多，世界经济遭受到自“第二次世界大战”以来的最大挑战。两年后，由于“两伊战争”的爆发，世界经济再次受到打击。这两场能源危机，使得美国遭受了巨大的经济损失，严重阻碍了美国的发展。为缓解能源危机带来的经济风险和能源冲击，美国开始逐步采取一些措施来降低能源危机带来的恶果，其中就包括建立能效标识制度。美国最早的能效标识制度源于1975年颁布的《能源政策与节约法案》(Energy Policy and Conservation Act，EPCA)①，由于该法案没给出具体的实施方案，所以效果并不明显。于是1978年颁布的《国家节能政策法案》(National Energy Conservation Policy Act) 制定了具体的能效标准和制定原则，而且强制性要求美国的电器生产企业必须按照相关能效标准执行，并首次采用强制性能效标识帮助消费者更好地识别高能效产品。

第二阶段是20世纪80年代至20世纪90年代，此阶段是美国能效标识发展阶段。1980年，美国联邦贸易委员会（FTC）针对13类家用电器正式执行强制性的能效标识制度。根据能效标识制度的规定，这13类家用电器在市场销售前必须通过能效测试，证明产品已经达到最低能效标准，并粘贴强制性能效标识才能在美国市场上流通。该能效标识主要显示产品的一些基本能效信息和使用成本，以及与其他同类产品相比所属的能效水平，使消费者在选择家用电器时，能够做出更加明智的选择。但在强制性能效标识实施过程中，由于标识的设计原因，标识上所提供的能效信息很难让消费者记住，更别说比较两款产品的能效水平了，所以强制性能效标识制度在实际运用中效果并不理想。

第三阶段是20世纪90年代到2005年，此阶段是能效标识发展阶段。1992年，美国开始实施自愿性能效标识制度——“能源之星”。与强制性能效标识制度不同的是，自愿性能效标识不需要标示出产品的详细能效信息和使用成本，如果产品贴附有自愿性能效标识，就代表该产品在同类产品中已经处于领先水平，且比一般产品的能效高出13%～20%。随着自愿性能效标识制度的实施，其所涉及的领域也在逐渐扩大，从家用电器领域渗透到建筑领域。但是此阶段能效标识整体发展较慢。

---

① 欧盟768/2008/EC指令.

第四阶段是 2005 年至今，此阶段是能效标识制度成熟阶段。2005 年，美国再次对能源政策引起重视，并颁布了《2005 美国能源政策法案》，这标志着新一轮变革的开始，该法案共 18 章，能源效率位于该法案的第 1 章，能效问题对美国的重要性由此可见。因此自 2005 年以后，美国政府加快了能效标识所涉及电器的能效标准的更新频率，进一步扩大了强制性能效标准所涉及的用能产品范围，并授权美国能源部颁布用能产品的能效标准。截至目前，划入"能源之星"范围的用能产品已有 60 余类，并且还在不断增加中。随着"能源之星"标识的广泛使用，消费者能够通过"能源之星"标识更加快速有效地选择高能效产品，从而大大提高了消费者对"能源之星"标识的认可度。

3.2.2　美国能效标识制度的运行模式

3.2.2.1　运行基础

能效标识制度作为能源政策的一部分，在大部分针对能源政策的法案中都有所涉及，能效标识制度的法律也往往是跟随能源政策的发展而发展的，是能效标识制度运行的基础。

1975 年，美国联邦政府颁布《能源政策与节约法案》，该法案明确制定了重要家用电器的能效指标，但是没有给出具体的实施标准，所以其效果并不明显。1978 年，美国为了刺激国内能源产业的发展，并促进节能工作的顺利进行，采用了一系列国家宏观调控措施，并颁布了《国家节能政策法案》，该法案吸取了上一法案的不足，制定了具体的能效标准和制定原则，并由能源部来牵头制定用能标准，强制规定美国的家用电器制造企业必须按照相关能效标准制造，并首次采用强制性能效标识帮助消费者更好地识别能效较高的产品。因此，美国《国家节能政策法案》成为制定能效标识制度的法律基础。

1982 年，美国经济开始逐渐好转，能源状况也有所改善，但美国人吸取了前两次能源危机的教训，对产品节能工作不敢松懈，并于 1987 年制定了《国家电器节能法案》（National Appliance Energy Conservation Act），该法案为 13 类家用电器提供了具体的能效标准与有效日期，该法案的出台将美国的能源政策落实到具体的产品，使能源政策真正取得实质性进展。

1992 年，美国又修订了《能源政策法案》（Energy Policy Act），对灯、供水管道、微型电机等用能设备提出能效要求，扩大了能源政策的使用范围，并逐步将能源政策纳入法律的范畴。与此同时，1992 年由美国国家环境保护局负责实施的自愿性能效标识开始实施，当时主要针对部分办公电器。

1992—2005 年，美国放缓了能源政策法案出台的步伐，直到 2005 年，美国再次对能源政策引起重视，并颁布了《2005 国家能源政策法案》，它标志着新一轮变革的开始，该法案共 18 章，其中，能效居于法案的第 1 章，由此可推断，改善能效是美国能源计划中的重大战略。因此，2005 年以后，美国政府加快了对能效标识所涉及电器的能效标准的更新频率，并且进一步扩大了强制性能效标准所涉及的用能产品范围，授权美国能源部为其制定能效标准。

除了联邦政府对能效的要求外，一些州政府还在此基础上增加了一些产品种类，并按照该州设立的能效标准执行。2007 年，美国发布《2007 能源独立与安全法案》，对各类用能产品的能效标准及实施时间做出了详细规定，并在之后几年内相继实施。2007—2013 年，美国变成世界减少碳排放最多的国家，仅 CO_2 排放量就减少了 10%，风力发电增长了两倍，太阳能发电量更是增长了十倍之多。2014 年，在美国联邦政府实施的 80 多项新举措中，能源标识制度作为能源政策的一部分在节约能源、保护环境以及减少温室气体排放等方面表现都最为突出。

3.2.2.2 运行机制

美国能效标识制度的运行模式，根据标识类型的不同而有所区别。对于强制性能效标识，政府直接干涉能效标识制度的实施，以强有力的法律基础作为执行保障；自愿性能效标识制度是自愿性质的，强制力不如强制性能效标识制度，但由于该标识属于保证性标识，消费者接受度高，企业也自愿加入该标识项目，因此实施效果也很好。

强制性能效标识制度的执行是由美国能源部的能源效率与可再生能源办公室（EERE）来完成，该办公室主要负责制定最低能效标准和设置测试程序。所有能效标识涵盖的产品都需要达到最低能效标准，而且无论是产品生产企业还是进口企业，都必须达到最低标准。以“能源指南”标识为例，对所属范围有强制要求的能效标准的电器，生产商必须向能源部和联邦贸易委员会提交产品能效信息，证明该产品的确满足规范要求。再由能源部按照设立的能效测评程序对产品的能效进行检测，若产品能够满足能源部规定的最低能效标准(MEPS)，就可以粘贴强制性能效标识，从而才能在美国市场上合法销售。

自愿性能效标识制度的运行采用第三方认证机制。企业不能够自行检测产品的能效值，而需要到能源部指定的检测机构（CB Certification Body）进行检测，只有通过了第三方认证机构的检测，再将检测报告交回认证机构进行查验，通过后才能获得认证证书。以“能源之星”标识为例，如果企业想要申请“能源之星”标识，必须首先申请成为“能源之星”合作伙伴，“能源之星”合作伙伴必须遵从“能源之星”的指导方针，即如何使用“能源之星”标识以及名称，而且必须确保自身及其授权的代表（如分销商、经销商等）都遵从此类指导方针；其次，把待检测产品提交给能源部认可的检测机构或实验室进行检测，再将检测报告交回认证机构进行审核，如果审核通过，就可以得到“能源之星”证书，并将产品发布到“能源之星”网站上；最后，产品会进入确认检测和挑战检验的名单。除此之外，获得“能源之星”标识的产品还需要接受年度确认检测，为了保证公平与公正，这一检测也会在第三方检测机构进行，将抽取至少 10%的产品进行检测，一般是在市场里随机抽取，如果有特殊情况，申请了特殊证明的，则可以在特定地点进行抽样，所有检测费用将由“能源之星”伙伴承担。

不管是强制性能效标识制度还是自愿性能效标识制度，美国都具有完善的测评体系。测评不仅关系到能效标识制度的顺利实施，还影响消费者对该能效标识的认可度，因此，公平、合理的测评体系是能效标识制度实施的关键。

3.2.2.3　监管机制

迄今为止，美国的能效标识制度已经取得了巨大成功，除了依赖科学技术的进步，还与完善的监管机制分不开。能效标识制度已经证明了完善的监管机制在推动节能技术中的积极作用，但是这些成果的取得必须建立在能效标识制度有效实施的前提下。如果能效标识制度不能够有效实施，消费者将对其失去信心，能效标识制度将不再发挥作用。因此，对贴有标识的产品进行监管是非常有必要的。

首先，就政府监督而言，美国对强制性能效标识的监督建立在对最低能效标准有效实施的前提下。最低能效标准设立的高低决定了该制度能否取得成功，如果最低能效标准设立得太高，大部分产品在现有技术下无法达到，则会抑制产品市场的良性发展；如果设立的标准太低，绝大多数产品都能达到，也就失去了其促进科技进步和节能减排的初衷。所以，美国最低能效标准采用“工程经济分析法”来制定，对各种能效标准技术方案的经济效益进行计算、分析和评价，在技术允许的条件下挑选最合理的指标。

此外，美国还推行“符合性监督机制（CMS）”来保障用能产品能效标识信息的符合性。CMS 规定生产企业必须检测贴标产品的每一基本项型号，来测试用能产品的能效值，随后必须向美国能源部提供相应的能效报告。美国政府运用能效数据信息系统来管理企业的贴标产品，受理消费者或其他利益相关者的投诉，并对投诉进行调查和追踪，若发现不符合能效标准的产品，会根据相关规定对生产企业进行处罚，并将事件公之于众。

其次，就行业监督而言，由于市场存在信息不对称，所以在能效监管方面也给联邦政府带来了不小的难题，但行业内部各个企业间的相互监督，能够较好地解决信息不对称对监督带来的困扰，如果企业愿意加入标识项目，并且监督同业竞争企业产品的能效，并将存在不符合要求和标准的制造商报告给美国能源部，则会起到较好的监督作用，从而解决信息不对称这一问题。目前，这种模式在美国已经取得了良好的效果。例如，美国空调制冷协会（ARI）就创立了同业监管机制，对于已经获得美国空调制冷协会认证标识的生产企业，如果任意一个生产企业对其他任意生产企业产品的能效有怀疑，都允许向美国空调制冷协会举报，由美国空调制冷协会对可疑生产企业的产品进行抽检，即“挑战检验”。美国空调制冷协会为提出挑战的生产企业保密，被挑战的生产企业不能获知挑战者身份。假如挑战检验合格，这笔检测费用将由挑战企业支付；假如检验没有通过，则由被挑战企业支付所有费用。假如挑战检验产品不通过率为10%及以上，被挑战企业会被要求降级，并被处以一定的罚款：按每出售一台产品支付1美元的罚金，当不合格率达到20%时，罚金增加。美国空调制冷协会对罚款的规定非常独特，他们并不会将罚款用作经费，而是给予全部的认证企业平分，以降低认证费用的方式，让所有认证企业获益。

最后，就民众监督而言，美国的能效标识项目，一般会将所有认证数据组建成一个庞大的数据库，该数据库对公众开放，任何人都可以在网上查询。每个认证单位也可以登录自己的名录对数据进行修改。在抽查前，数据库里的数据将会固定，这期间认证单位不能随便修改。如果抽查发现有产品的数据高报，将被列入“被调整名录”，还会被列入“低质量产品名录”，并公之于众，如果之后再次认证监测和被提出“挑战检验”，该认证单位可能被要求预付费用。由于该数据库会对公众开放，所以如果消费者发现某项产品的能效与实际不符，可以将怀疑的企业和产品型号提交给美国能源部，能源部将会对该产品进行随机抽样调查，重新测试该产品的能效，如果确实不符合，该产品的生产商将会面临巨额罚款，还有可能从标识数据库名单上除名。

综上所述，美国能效标识制度特别是“能源之星”的成功，已经证明了其在推动节能技术中的积极作用。我国应该借鉴学习美国能效标识制度的成功经验，对能效标识制度进行大力推广，这不仅可以使节能工作更上一层楼，而且对社会、经济也具有积极影响。

3.3　日本经验总结

日本受本国基本国情局限，对能源政策的重视不逊于任何国家。日本占地面积狭窄，人口众多，能源匮乏。为发展工业，日本大部分能源不得不依靠进口，其资源对外依存度相当高，也正是这样的危机感促成日本成为全世界推进节能最先进的国家，这与它在制度建立上的优势是密不可分的。日本的能效标识制度被称为“节能标识制度”，与其他国家的能效标识制度有细微的差别，其在提高产品能效方面卓有成效。

3.3.1　日本能效标识制度的形成与发展

3.3.1.1　形成背景

随着国内能耗越来越大，日本政府为了抑制能源消耗进一步增加，从高耗能产品入手，制定严格的能耗基准，利用行政手段来淘汰市场上耗能较高的产品。日本于 1979 年颁布了《节能法》，在 1998 年对其进行修订，之后的 1999 年、2002 年、2005 年、2008 年分别又做了进一步修改。

首先，经济发展与能源供给。1973 年、1979 年的两次石油危机是日本采取节能政策的直接原因，经过石油危机的“洗礼”，日本开始出台节约能源的管理政策。1973 年的第“四次中东战争”，使中东国家石油供给量骤降，导致长达 3 年的石油危机，这次危机使日本工业生产下降 20%，经济增速大幅降低，同时也导致整个西方发达国家经济遭受重创。1978 年，伊朗爆发政变，美伊关系恶化，随后爆发的“两伊战争”又使得这两个原油生产大国的原油产量剧减，两个因素叠加直接导致第二次石油危机，致使全世界原油产量从 580 万桶/天下降到 100 万桶/天。到 1979 年，因原油供给的减少，石油价格暴涨，1978 年原油最低价格为每桶 13 美元，而 1980 年达到了每桶 34 美元[①]。

其次，能源进出口现状。经济的快速发展需要大量能源作为支撑，而日本能源极其匮乏，所需能源的 90%都依靠进口，特别是石油，进口依赖度达到了 100%，两次石油危机都给日本的经济带来重创，以汽车产业为代表的重工

① 欧盟 765/2008/EC 指令．

业在这一影响下，制造成本上升，市场需求萎缩，出口乏力。正是在这样的双重压力下，日本出台了《节能法》，并发布了一系列节能政策。

最后，环境污染问题凸显。20 世纪 50 年代至 60 年代初是日本经济高速增长的黄金时代，经济复兴成了时代的主题，然而代价也是极其惨重的：生态遭到严重破坏，环境问题越发凸显。当时，由于盲目发展经济，只重视经济增长的速度，而忽视了环境因素，直接导致工业聚集区出现了严重的污染问题，不仅影响了周围居民的正常生活，甚至危害其健康。当时，还发生了震惊日本国内外的“四大公害”事件，由于环境污染直接导致周围居民患病，比如熊本县的氮肥厂，将含汞的生产废水直接排入海中，导致熊本县的渔民患上水俣症。从 20 世纪 80 年代起，日本开始重视环境污染问题，制订了翔实的法律法规，特别是工业部门，拟定了严格的排放标准，形成了一套严格的环保体系。

值得注意的是，日本政府在对待环境问题时，更注重总体引导以及市场调控。比如，通过定期发布污染控制的总目标，以及调节能源价格等宏观调控措施来引导生产企业绿色生产，以此治理和控制环境污染。此外，通过贴标（能效标识和环境标识）引导消费者购买绿色产品，同时大力宣传，提高居民环保意识，制定能效标识制度等，从而使消费者在购买产品时能做出更明智的选择。

3.3.1.2 发展历程

日本节能管理体制以《关于合理使用能源的法律》为标志正式发布，迄今为止，日本节能管理体制总共经历了四个发展阶段。

第一阶段是 20 世纪 70 年代至 20 世纪 80 年代，此阶段的节能管理体制以政府规制为主。第一次石油危机后，节约能源成为日本能源管理工作的核心。节能管理体制的实施并不是为了降低工业生产和居民生活水平，而是通过对能源的合理分配及利用，来提高能效。这一阶段，日本节能管理体制以政府强制规定为主，具体表现为：首先，日本利用税收等财政手段，以及法律等政治手段，为国内节能减排的生产商营造良好的内部条件；其次，对于突发事件，日本政府制定了相应的法律法规；最后，作为临时性对策，政府提出了一些具体的节能要求。

第二阶段是 20 世纪 80 年代至 20 世纪 90 年代，此阶段节能管理体制以大型开发计划为主。第二次石油危机期间，由于经过了第一次石油危机的磨砺，日本采取了相应的节能政策，故其在第二次石油危机的处理上显得较为从容，虽然经济增长速度、进出口、GDP 等经济指标受到了影响，但都在控制的范围之内。同时，日本从 1978 年起开始启动“月光计划”，这是日本政府提出的一项大范围的节能技术开发计划，主要包括大型能效技术研究、基础能效技术研究、协助民间节能技术的开发、节能技术的综合效果调研、节能标准化和国际合作研究六项计划[①]。“月光计划”取得了良好的效果，对日本整个节能政策体系的建设起了很大作用。

第三阶段是 20 世纪 90 年代至 21 世纪，此阶段节能管理体制获得金融系统的大力支持。这一阶段，日本的税务系统与能效有了关联。为了鼓励日本节能设备的制造，日本国税系统对节能设备采取特别税制，从而推进节能工作。同时，地方税务系统还为节能设备减少固定资产税。1992 年，日本政府着手实施能源税制改革，鼓励企业引进节能设备，企业购买了国家规定的节能设备后，可以在正常摊销的基础上，再对节能设备价格的 30%进行特别摊销。

第四阶段是 2000 年至今，此阶段主要从战略和投资两方面来节约能源、提高能效。首先，从政府战略层面来提高节能管理体制的地位。2006 年，日本政府制定了《新国家能源战略》，计划到 2030 年，日本单位 GDP 能耗相比 2003 年减少 30%[②]。其次，采用投资、价格杠杆、税收减免等措施，对新能源的开发、节能技术的研究给予财政和金融方面的大力支持。最后，积极采用各种金融手段促进节能设备的应用，包括政策性利息、产业部门节能推进项目、建筑物节能改造项目、使用节能“领跑者”设备的项目、中小企业低息融资等。

3.3.2　日本能效标识制度的运行模式

3.3.2.1　运行基础

日本节能法律法规是日本节能管理体制运行的基础保障，它是日本为了合理使用能源、节约能源和保护环境而建立的法律，以及依据法律而制定的有关政令、省令、告示等的总和。日本多数能效政策是以“省令”“告示”等方式宣布的。日本节能管理方面最基本的法律为 1979 年法律第 49 号《关于合理使用能源的法律》。它是在 1951 年法律第 146 号《热管理法》的基础上演变而来的。另外关于节能管理，还有《关于合理使用能源的法律实施令》的政令以及

① 佚名. 谈谈日本的“日光计划”和“月光计划”[J]. 能源技术，1991 (1)：60—63.

② 第二次石油危机. http：//wiki. mbalib. com/wiki/.

《关于合理使用能源的法律施行规则》的省令。

日本节能管理政策是在1979年以石油危机为契机而制定的，对于能源大部分依赖进口的日本，为了有效利用能源，主要在工厂和工作场所、建筑物、运输和机器器具四个方面采取必要的能源使用合理化措施进行节能。20世纪90年代，全球变暖问题引起广泛关注，国际社会也认识到大量煤炭、石油、天然气的使用会引起大量二氧化碳的排放，从而导致温室效应。日本节能政策立法的目的也从单纯确保能源稳定的供应发展到期待通过法律来抑制日本国内二氧化碳的排放。

作为日本节能管理体制的基本法律，《关于合理使用能源的法律》要求经济产业省发布包括燃料燃烧合理化，加热、冷却以及传热合理化，废热回收利用、热动力转换合理化，减少由于放射、传导等造成的能源损失、电气动力向热转换合理化等事项判断基准。

《关于合理使用能源的法律》规定了第一种能源管理指定工厂和工作场所的指定，能源管理者、能源管理员资格、能源管理员的考试、能源管理者的职责范围和义务、能源管理员职责、有关中长期计划和定期报告事项、有关合理化计划的指示和命令等；第二种能源管理指定工厂和工作场所的指定，以及指定的取消、管理员和管理者的适用规定等。

此外，《关于合理使用能源的法律》规定了调查机构的登记、登记调查机构接受调查时的特例、调查机构不能登记的条件、登记条件的更新、调查的义务、调查机构有关工作场所变更情况的提出、调查义务的规程、调查业务的停止、登记调查机构财务报表的准备、经济产业大臣要求登记调查机构改善命令的权限、取消登记调查机构的事项、有关登记调查机构事项的公示和适用规定等相关要求。

最后，《关于合理使用能源的法律》还要求国家在财政上采取措施促进节能，在科技上采取措施提高能效技术，通过地方公共团体的教育活动促进国民对节能措施的深刻理解，向一般消费者提供有关节能的资料和信息，相关部门应加强节能情况报告和节能情况检查，同时制定有关手续费收取、考虑地方的特例、指定考试机构不服处分的申诉办法等①。

通过一系列法律法规的实施，日本节能工作产生了良好的效果，主要体现为：第一，能效水平显著提升。日本单位GDP耗能最少，远低于欧美等发达

① 陈海嵩．日本能源立法及能源法律制度探析［J］．河南司法警官职业学院学报，2009，7（1）：51-53.

国家单位 GDP 产出所需能源。2013 年，日本人均 GDP 能耗 5.8245 吨标准煤，远低于美国的 11.0085 吨标准煤。[①] 第二，单位 GDP 能耗降低。从统计数据看，1979 年日本颁布一系列节能法律法规后，日本能源消费弹性系数基本上低于 1，能源消费弹性系数一直较低[②]，说明能效政策使日本既保持了经济的平稳增长，又使能耗水平有所降低。第三，日本企业单位产值能耗降低。在法律法规的约束条件下，日本企业开始注重节约能源，单位产能能耗开始明显降低。

3.3.2.2　运行机制

根据《节能法》，日本为了推进能源制度的高效运作，已形成一套较完备的运行模式，主要表现在能效服务机构各司其职。

首先，日本经济产业省在全国管辖着九个地方经济产业局，它们各司其职，负责宣传《节能法》、研究能效政策、咨询节能工作、监察能源管理师考试、指定能源工厂、受理各种能效申请书以及检查节能现场等活动[③]。日本经济产业省资源能源厅在九个经济产业局中设有办事处，负责能效检查和执法任务。

其次，依靠国家财政建立的日本节能中心（ECCJ），下设七个分中心，主要负责向消费者普及节能教育，收集各国的能效信息，执行节能法规，向生产商提供节能诊断指导以及同国际有关的节能机构合作。

再次，建立能源产业研发机构，使能源产业实用化，支持节能技术及新能源的产业化。能源产业研发机构大力推动了日本节能事业的发展。

最后，建立合格的测评体系。“领跑者”制度作为日本独特的新型能效制度，自实施以来获得了显著的经济、社会和环境效益。日本经济产业省的政策咨询审议机构综合资源能源调查会是负责确认“领跑者”能效标准适用对象的主要组织机构。其管辖的能量标准委员会，专门负责制定“领跑者”能效标准的详细审定程序。而能量标准委员会又附设标准评估委员会，主要负责产品细节条款和技术的审议，讨论之后提交结果至能量标准委员会。如果能量标准委员会通过了新的“领跑者”能效标准，则会将其递交 WTO 审查，以防止绿色壁垒争端。

---

① 刘小丽 . 日本新国家能源战略及对我国的启示 [J] . 中国能源，2006，28 (11)：18—22.

② 日本《关于合理使用能源的法律》：日本法律第 49 号，于 1979 年 6 月 22 日发布，并于 2008 年 5 月 30 日修订，以法律第 47 号发布 .

③ 数据来源：日本经济产业省 . http：//www. meti. go. jp.

针对电冰箱、洗衣机、空调、工业发动机等一系列进入“领跑者”制度的产品，日本有四个公认的实验室进行能源效率检测，测试的方法主要根据日本工业标准（JIS）进行，但为了避免进出口贸易的约束，其检测方法也不断引进ISO检测程序。

针对生产厂商，日本实施非强制性的节能标识制度，目前针对电视机、空调、电冰箱、荧光灯等16类产品实施；针对销售部门，日本政府也制定了非强制性的销售商能效标识制度，由于消费者更多是通过销售商了解产品能效，因此，销售商能效标识制度采取等级比较标识的形式。虽然日本的能效标识制度采取非强制性的自我声明模式，但由于多年来形成的完善的社会监督管理体系和较高的社会诚信度，以及较高的消费者素质，目前日本能效标识认同率高达100%，并且极少会伪造冒用标识，提交虚假信息。

此外，建立节能服务公司（ESCO），采用合同能源管理机制，为用户节能项目提供节能诊断、节能改造、设备采购、施工、调试以及资金的筹措与融资。

3.3.2.3 监管机制

日本有着最严格的市场监督体系，每一件产品在进入市场时，都需要提供详细的质量检测报告，经过合格评定、市场监管和认证认可等步骤才可以正式进入市场销售。如果在以上任何一个步骤中有不合格或者产品可能对使用者有危险的严重情况，这些信息都会在全日本进行通报，这样的产品在国内的任何市场都会被拒之门外，更别说出口国外。正是这种及时有效的监管机制，使生产者对产品质量极其重视，从而有效减少消费者权益受到侵害的情况发生。

首先，企业诚信体系。高度完善的企业诚信体系可以说是日本能效标识成功实施的基础。在经历了20世纪六七十年代严重的环境污染后，日本社会开始重视企业诚信体系的建立。早在20世纪90年代，诚信已成为日本企业在国内外立足的根基，如果日本企业被曝光出现诚信问题，企业高层将承受巨大的压力。正是如此完善的企业诚信体系，使得日本的政府监管成本下降，企业和消费者的良性互动不断增多，这也是完善的市场经济体系带来的优势。

其次，企业间相互监督体系。同美国的“挑战者机制”一样，日本企业之间同样可以互相提出质疑，可疑的产品要通过专业的设备或者专门的测试机构进行符合性测试。这种生产企业间互相自我监督的机制始于1997年10月，是对其自我声明模式的有效补充。

最后，行业监督机制。行业监督机制不容忽视，其作用在各国都有目共睹，行业协会的作用仅次于政府，甚至在有些方面更胜于政府的监管作用。比如，日本的生产企业在产品上市时向行业协会备案节能产品的能效信息，行业协会会建立能效数据库，并定期发行载有产品目录和能效数据的期刊，若发现目录中记录的产品数据与实际不符，则会将其从目录中移除。

3.4 欧盟及美国、日本能效标识制度的比较分析及其对中国的启示

由于能效标识制度的实施具有运行成本低、效果显著、覆盖范围广、约束能力强等优点，近年来获得快速发展，被世界各国普遍采用，也得到了消费者的广泛好评。欧盟国家及美国和日本作为经济发达、能源消费需求较大的国家，在能效标识制度的确立、执行和监管等环节上都形成了适合自己的一套完善的机制。欧盟国家及美国、日本均是世界上能效标识制度运行高效且得到广泛好评的国家，通过对欧盟及美国、日本能效标准标识制度的比较分析，探讨欧盟及美国、日本能效标识制度成功实行的优点和长处，对我国能效标识制度建设有着重要的借鉴意义。

3.4.1 运行基础的比较分析

欧盟及美国、日本在提出能效标识制度的时候，都已经建立了充分的运行基础，即法律基础。一项制度的有效实施离不开法律和法令的保障，任何没有以法律和法令为基础的制度都不可能得到顺利的实施。从能效标识制度的提出、设计、实施运行，到最后的监管都需要大量的法律和法令为其保驾护航。表 3−1 从法律地位、协调性、实施难度三个方面分析比较欧盟及美国、日本能效标识制度的运行基础。

表 3−1　欧盟及美国、日本能效标识制度的运行基础比较

国家/地区	法律地位	协调性	实施难度
欧盟	高	高	较难
美国	高	高	较易
日本	高	高	容易

3.4.1.1 欧盟及美国、日本能效标识制度相关法的法律地位

欧盟及美国、日本在执行能效标识制度时，均有强制性较高的法律保障。欧盟每隔几年都会颁布有关能效标识制度的补充指令等文件，都是建立在欧盟《能源政策》以及“节能计划标准”上的，具有较高的法律保障。欧盟通过逐步修订能效标识制度相关指令的方式，逐步提高能效标识制度在欧盟立法中的地位。例如，欧盟于1992年和2010年制定的能效标识制度以指令的形式颁布，经过欧盟不断优化、强化能效标识制度的法律地位，使修订后的技术性规则以法规形式呈现，并于2010年后生效。欧盟指令形式的法律法规，各成员国在实施时需要转化为本国的法律，转化时间较长，又由于各国国情和执行力不同，使得能效标识制度的实施效果不同。法规形式的能效标签制度在实施时直接适用于所有成员国，对各成员国具有相同的约束力。欧盟为了确保能效标识制度的执行效力，向WTO发出G/TBT/N/EU/307通报，提出以新的法规来替换旧指令（2010年5月19日2010/30/EU指令[①]）。在新法规中，为了确保在整个欧盟范围内的法规一致性，增加第六条“欧盟保障程序”，其中第12点规定：“如果成员国国家措施被认为是合理的，所有成员国应采取必要措施，以确保不符合规定的能源相关产品退出市场，并应通知委员会，如果成员国国家措施是不合理的，有关成员国应撤销该措施。”[②]

同样，美国和日本能效标识制度的相关法律法规也是在各自最高立法机关发布的有关能源基本法的保障下颁布并实施的，法律地位同样较高。首先是美国能效标准制度产品目录的制定直接由美国历届政府发布，并被收录在法案或编入美国法典中。美国能源部（DOE）通过颁布“联邦公告”，将政府规定的能效标准相关法律和美国能源部制定的能效标准直接编入“美国联邦法规集（CFR）”中，具有较高的法律地位。美国能效标识制度的形成与其他法律法规一样，按照规定的流程，即APA法案明确规定的联邦法制定过程制定：“通告+评论”过程（被授权部门决定法规内容→拟定提案→公众评议→司法评审→发布，其中的过程通过“联邦公告”对外公布）[③]。此外，能效标识制度的修订和规范由美国能源部专门制定，例如，1996年7月15日美国能源部发布了“消费品能源节约标准的新增或修订程序”，对产品的能效标准进行了优化

---

① 数据来源：日本经济产业省 . http://www.meti.go.jp.

② 王楚钧 . 节能服务产业培育的政策与法律制度研究［D］. 太原：山西财经大学，2011.

③ 2010/30/EU指令：《欧洲议会和理事会关于通过标签和标准产品信息显示能源相关产品能耗及其他资源消耗》。

和修订，该部分内容汇编于《美国联邦法典》第 10 编第 430 章第 C 小章附录 A 的“制定或修订能源节约标准的程序、解释和政策”中[①]。日本的能效标识制度基于 1979 年的《节能法》进行了 6 次修改。目前的能效标识制度相关法律是由日本经济产业省在 2008 年 5 月公布，于 2009 年 4 月开始运行的。日本能效标识的成功源于立法，并促使日本变成全世界能耗最少，但 GDP 最高的国家之一。其中影响力最大的“领跑者”制度，已成为全球实施最成功的能效标识制度之一。

由以上分析可知，欧盟及美国、日本能效标识制度在立法时，注重立法实效，在基本法的基础上，制定全面的细则、指令和法规，并适时、不断地对其进行修改与优化，并配备严格的奖惩和激励措施。

3.4.1.2　欧盟及美国、日本能效标识制度相关法的协调性

欧盟及美国、日本能效标识制度与各种能源法律法规的协调性，均具有很高的融合性。能效标识制度在实施过程中免不了与部分能耗高的企业利益相冲突，实施时难免与地方经济政策相左，导致个别地区的经济遭受一定程度的损失。或者与其他环境保护政策规定的内容不一致，在实施时容易出现多头指导、难以抉择的情况。从这方面来看，因为欧盟及美国、日本的环保意识觉醒较早，各种环保法律法规和政策都经过了很长时间的磨合与协调，所以欧盟及美国、日本包括能效标识制度在内的环境和能源相关政策的协调性较高。欧盟于 1967 年通过了第一项环保指令，2000 年后，随着《阿姆斯特丹条约》和《尼斯条约》开始执行，欧盟开始启动《第六个环境行动计划》《欧盟宪法条约》等法律法规，经过几十年的努力，已经形成包括空气污染防治、化学品管理、水污染等在内的完整、门类齐全的法律法规体系，各类法律法规经过长时间调整，已经形成相互促进、相互协调的完整体系。能效标识制度在完善的环保法律法规体系的基础上建立起来，与其他环境法律法规拥有绝对的协调性。此外，欧盟也采取了许多措施来增强能效标识制度和生态设计技术法规的协调性。至 2014 年年底，欧盟在其框架性技术法规[②]的基础上共执行和补充了 24 项生态设计法规、13 项能效标识制度补充法规、4 项修正生态设计的实施法规、2 项自愿性生态设计协议、3 项特殊产品的指令等，这些法律法规的修正

① 颜伟民，彭丹阳，唐娴娴．欧盟拟实施的新能效标签法规分析［J］．质量与认证，2016（2）：72—73.

② 美国《联邦行政程序法》（APA）（《美国法典》第 2U. S. C551 部分）.

都是为了其能效标识制度能与其 ErP 指令（2009/125/EC）的配套法规相协调。

同样，美国和日本能效标识制度的法律法规与其他相关法律法规也具有较高的融合性和协调性。美国能效标识制度相关法律法规的协调性主要体现在同时实施强制性能效标识制度和自愿性能效标识制度，即强制性和自愿性能效标识制度之间的相互协调。美国强制性能效标识制度制定了最低能效标准，并设置了测试程序；自愿性能效标识制度实施第三方认证机制，若审核通过可获得认证证书，代表更具节能性。强制性和自愿性之间相互协调、相互补充，从而达到最大的节能和环保效益。此外，由于能效标准、能源信息标识、认证标识的覆盖范围、执行标准以及实施方式等都具有各自的特点，所以对能效标准和能源信息标识采取强制性形式，对认证标识采取自愿性形式，三者互相协调，共同推动节能体系的完善和发展。

日本能效标识制度相关法律法规的协调性主要体现在日本能效标识制度相关法律不断修订和完善，以与其他能源法律法规相适应。日本的能源法律法规主要包括：能源管理制度法律体系、能源战略与规划制度法律体系、能源储备制度法律体系、能源开发制度法律体系与能源节约制度法律体系，它们共同构成了日本主要的能源法律体系①，能效标识制度和能效“领跑者”制度属于能源节约制度法律体系。五个能源法律体系相互补充与协调，而能效标识制度作为日本庞大能源体系下的一个子制度，也在不断修改与完善中，以与整个能源法律体系相协调。

总之，欧盟及美国、日本在制定能效标识制度时，都是以庞大的环境保护法律体系为基础，注重能效标识制度与其他环境法之间的协调性，为了加强其实施效率与效果，还不断根据环境变化进行修改与完善，以增强协调性与适时性。

3.4.1.3 欧盟及美国、日本能效标识制度相关法的实施难度

由于欧盟是一个国际化的区域组织，其能效标识制度的实施难度远大于美国、日本。这是由于欧盟每个成员国的经济发展水平不一样，能源消耗水平也不同。欧盟颁布统一的能效标识制度需要更多的时间和精力来考虑各个国家的具体情况，协调各个国家对能效标识制度的不同标准和意见，所以实施难度较

---

① 张哲，张峰，王立舟. 美国用能产品能效技术法规体系及其特点（中）［J］. 节能与环保，2010（8）：18－20.

大。这主要体现为：第一，利益差别。欧盟从本质上来说是一个国家联盟组织，各成员国在制定某项政策时都是立足于本国利益，对于有利于本国发展的政策给予充分支持，而对于没有利益甚至损害本国利益的政策则予以反对。同时，欧盟各成员国自然资源分布不均，能源状况各异，欧盟制定统一的能效标识制度的困难可想而知。第二，能源主导权让渡。欧盟能效标识制度的成功，需要以欧盟各成员国能源权限为保障，因此各成员国将本国的能源权限部分让渡欧盟，让欧盟具有更多的能源主导权。但众所周知，能源是国家生存和发展的根本，能源主导权的让渡极大地威胁了国家的安全，所以各国在执行欧盟能效标识制度的同时，也制定了很多本国的能效政策，这在很大程度上影响了能效标识制度的实施。第三，能源保护主义。有些欧盟成员国不赞成欧盟能源一体化政策，抵制将本国的能源主导权让予欧盟，甚至不执行欧盟有关能源的政策和指令。建立统一的能效标识制度是一个需要不断磨合与协调的过程，要做到真正地提高能效，顺利实施能效标识制度，还需要各成员国团结一致，这是一个漫长的过程。

美国、日本则不存在上述问题。美国属于联邦制国家，可在全国范围内统一制定能效标识制度。除了联邦政府对能效的要求外，各联邦拥有一定的自主立法权，一些州政府还在此基础上增加一些产品的种类，并按照该州设立的能效标准执行。此外，美国政府在节能工作中发挥着强有力的带头作用。为了推动节能工作的实施，美国政府身先士卒，要求各级政府和公共机构采购节能产品，并制定相关法规来确保绿色采购，比如《资源节约与恢复法》（1976）、《国家节能政策法》（1978）、《公共汽车预算协调法》（1985）、《联邦能源管理改进法》（1988）等。①

日本的能源制度实施统一管理，能效标识制度也是如此，由日本经济产业省负责。根据日本《能源政策基本法》第 12 条规定："经济产业省的人员不仅应该参考相关政府部门的意见，还应该听取综合资源能源调查会的意见，撰写能源基本计划的草案，向内阁会议征求意见"②，这种由国家统一监管的能效标识制度，不仅能够通盘谋划、不偏不倚，执行统一的能效标准，也使各职责部门权责清晰，防止"踢皮球"的情况发生，实施和监管起来难度较小。

由此可见，欧盟及美国、日本根据不同的国情制定不同的能效制度，其实

① 框架性技术法规包括 2009/125/EC 指令和 2010/30/EU 指令．

② 陈海嵩．日本能源法律制度及其对我国的启示［J］．金陵科技学院学报（社会科学版），2009，23（1）：49—53.

施的难易也不同。

3.4.2 运行机制的比较分析

欧盟及美国、日本在运行机制上都有各自的特点，主要原因在于，欧盟作为一个区域性联盟，与美国和日本这种国家性质不同，从原则上来说，其制度实行起来较美国、日本难度更大，实施力度更弱。本节从以下几个方面来分析欧盟及美国、日本运行机制的不同，见表3-2。

表3-2 欧盟及美国、日本运行机制比较

国家/地区	运行机制	运行模式曲折性	运行机构执行力	运行有效性
欧盟	欧盟下达各个国家推进运行	曲折	一般	较高
美国	强制性：国家设立机构推进运行 自愿性：第三方机构协作运行	强制性：直接 自愿性：较曲折	高	高
日本	国家设立机构推进运行	直接	较高	高

3.4.2.1 欧盟及美国、日本能效标识制度运行模式的曲折性

欧盟能效标识制度的运行模式主要采用欧盟委员会发布指令，各成员国将欧盟指令转换为本国指令再实施，并制定更加详细的相关指令来保障能效标识制度的实施。这种模式在传达时比较曲折，通过一层又一层的指令下达与转换，效率较低下。欧盟主要依靠《欧洲共同体条约》来保障能效标识制度的有效运行。目前为止，虽然欧盟已经制定了一整套能效标识制度指令，但在实践过程中，欧盟各成员国又设立了自己的能效监管体系，欧盟层面的能效法规与成员国各自制定的能效标识制度体系之间的摩擦和矛盾逐渐显现，严重制约了欧盟能效标识制度的实施。基于此，欧盟采取了一系列措施来保证能效标识制度的执行，比如强调贴标产品企业的责任主体地位以及供货商和中间商的监管作用等。这些措施的提出，在一定程度上促进了能效标识制度的施行，但仍然无法避免欧盟作为一个国际联盟，制定和实施一项指令的困难和曲折性。

美国采用的强制性能效标识制度，由美国能源部的能源效率与可再生能源办公室（EERE）协调完成，先由其主要负责制定最低能效标准和设置测试程序，随后生产商将产品的能效信息提交能源部和联邦贸易委员会，再由能源部

按照设立的能效测评程序对产品能效进行检测，若产品能够满足能源部制定的最低能效标准（MEPS），则可在美国市场上合法销售。而自愿性能效标识制度是先由第三方认证机构，即能源部指定的检测机构进行检测，再将检测报告交回认证机构进行审核，审核通过则可获得认证证书。因此，强制性能效标识制度较直接，而自愿性能效标识制度较曲折。

日本直接采用的是国家设立机构推进运行，各部门各司其职，共同推进能效标识制度的运行。为保证能效标识制度切实落地实施，日本首先采取的措施就是明确职责部门，这是因为日本设立的能源相关部门繁多，各下属部门甚至出现了职能交叉，容易出现职责不清、多头领导的情况，阻碍能效标识制度的顺利实施。根据日本能源基本法规定，能效标识制度的实施由日本经济产业大臣负责，虽然这种方法较为直接，但增加了各部门间的协调难度。

由以上分析可知，欧盟虽然实施能效标识制度较曲折，但是也尽其所能地保证能效标识制度的执行；美国和日本在实施时虽然是垂直执行，需要疏通的部门较少，但水平方向需要协调的力度较大。

3.4.2.2　欧盟及美国、日本能效标识制度运行机构的执行力

虽然欧盟运行模式的曲折性在一定程度上影响了能效标识制度运行机构的执行力，但好在欧盟委员会的监管力度较大，办事效率较高，使得欧盟成员国的能效标识制度都能顺利进行。由于《欧洲议会和理事会关于通过标签和标准产品信息显示能源相关产品能耗及其他资源消耗》中对能源相关产品市场监督的规定不够严格，为加强欧盟市场的监管与控制，欧盟在 2015 年 9 月 2 日向 WTO 发出 G/TBT/N/EU/307 通报时，明确指出新法规必须按照 765/2008/EC 指令第 16～29 条法规的规定执行市场监督和管理，从而进一步提升监督抽查的效用。新法规中还增加了生态设计指令中严格的合格评定和 CE 标识监管程序，以增强其执行力度。

美国强制性能效标识制度源于《能源政策与节约法》，由美国联邦贸易委员会设计能源标识制度，其下属能源部依法拟定能效目标。美国能源部的能源效率与可再生能源办公室制定家用电器最低能效要求，以立法形式制定最低能效标准。美国能效标识制度的制定主要运用工程测算法，设定了较严苛的标准，得到了有效的执行。而美国自愿性能效标识制度的“能源之星”由美国国家环境保护局（EPA）和能源部（DOE）共同发起，要求各联邦及各州对获得认证的产品及标识进行补贴，所涉及的补贴经费全部来自财政拨款，同时采

用低息或无息贷款、现金补偿等措施，引导消费者选择“能源之星”建筑[①]。此外，为了“能源之星”的普及，美国各能效机构、认证第三方、生产企业、建筑企业与国家环境保护局和能源部合作，推动建筑节能的广泛实施，使得“能源之星”得到大力推广，并取得良好效益。由此看来，美国能效标识制度运行机构的执行效率和执行力都较高。

日本的能效标识制度主要由国家机构来执行，执行力较高，如日本“领跑者”制度取得了巨大的成就，成为各国争相模仿的对象，但由于日本设置的水平机构太多，除日本经济产业省在全国管辖着九个地方经济产业局外，这九个经济产业局又成立了经济产业省资源能源厅办事处，另外日本还建立了日本节能中心（ECCJ），下设七个分中心等，形成一个庞大的能效管理部门体系，各部门间的协调工作难度大，对能效标识制度的执行或多或少会造成一定的影响[②]。

3.4.2.3 欧盟及美国、日本能效标识制度运行的有效性

虽然欧盟能效标识制度的执行力受本身性质和区域制度的影响，但从总体来看，除去个别较落后的国家，大部分国家的能效标识制度都得到了有效实施，所以有效性总体较高。为了确保能效标识制度的有效性，欧盟采取了多种措施，例如，为了提高贴标产品的能效真实性，欧盟规定建立贴标产品能效信息数据库，高效利用先进的信息技术来增强能效标识制度的管理。

美国能效标识制度中推行较好的是自愿性能效标识制度，这种依靠市场自发的力量建立起来的制度影响力较大，普及度、公众接受度较高，对于企业自发性的申请，政府只需要做一些指导性的辅助工作，能效标识制度的实施过程形成了一种良性循环。比如，“能源之星”的成功主要依赖于美国政府的领头作用，由政府带头采购“能源之星”产品。相较而言，美国强制性能效标识制度的代表“能源指南”的实施不是很理想，未能取得预期效果，但政府对“能源指南”不断修改，以努力得到消费者认同。

日本的“领跑者”制度获得了广泛称赞，也取得了突出的经济、社会和环境效益。通过实施能效“领跑者”制度，日本“领跑者”项目内产品的能效均得到了有效提升，同时也带动了日本整个制造业的发展。日本实现了以“领跑者”为切入点，推动整个产业的提升。

---

① 黄晓宏．我国能源节约的立法研究［D］．重庆：重庆大学，2006.

② 日本《能源政策基本法》第12条．

3.4.3　监管机制的比较分析

不管是欧盟，还是美国、日本，它们对能效标识制度实施后的监管工作都给予了足够的重视，采取了各种措施来保障能效标识制度的有效实施。其主要区别见表3-3。

表3-3　欧盟及美国、日本监管机制比较

国家/地区	监管特点	监管完善性	监管力度
欧盟	细化指令和标准	完善	较高
美国	同业监督	完善	高
日本	高度完善的企业诚信体系	完善	较高

3.4.3.1　欧盟及美国、日本能效标识制度的监管特点

欧盟及美国、日本都具备了完善的合格测评体系，以高标准要求企业，利用市场、行业和消费者等配套监督管理机制综合全面地进行能效标识制度的监管。其中，欧盟在以“CE标识”为标准的基础上对能效标识进行优化，可见欧盟能效标识制度的严格。欧盟能效标识制度的监管特点主要是对标准和指令的不断细化。其特点与欧盟本身的性质分不开，因为欧盟作为一个区域性组织，不可能也不能够在每个国家都建立监管机构，所以只能依靠细化标准和指令的手段来推进各国对能效标识制度的监管。

美国能效标识制度的突出特点是同业监督，利用同业间的竞争关系，起到了良好的监督作用。以“能源之星”为例，美国“能源之星”的成功，一方面是依靠政府的大力支持；另一方面，更多是依赖市场的监督机制。同业监督是市场监督机制中较为重要的方式。由于同一行业中各企业间存在激烈的竞争，竞争企业的一举一动都受到行业内其他企业的监视，若某企业成功取得“能源之星”标识，则竞争企业必定会时刻对该企业产品进行监督与测评，一旦发现其达不到“能源之星”制定的标准，则会向相关部门举报。利用同业间天然的竞争关系，同业监督手段取得了良好的效果。

日本则是建立一个高度完善的企业诚信体系，使政府监管成本下降，企业和消费者的良性互动不断增多，企业诚信经营成为能效标识制度监管的一股清流。在日本，企业诚信是企业的生命，一旦企业被曝光不诚信，必定会导致整

个企业的动荡。正是由于这种根深蒂固的企业诚信文化，日本“领跑者”制度才会获得空前成功。

3.4.3.2　欧盟及美国、日本能效标识制度的监管完善性

欧盟及美国、日本的能效标识制度监管体系都相当完善，不仅都设立了专门机构，还充分利用市场、行业和消费者进行监管，并采取了一些特别措施来提高监管力度。

比如，为了欧盟建筑能效标识制度的顺利实施，欧盟特别组建了节能指导委员会。此外，还设立了独立第三方专家制度、审查制度以及实施和宽限制度来保障建筑能效标识制度的实施。

又如，美国“能源之星”的“挑战测试”，企业即使通过了第三方认证机构的检测，还有可能面临来自其他任意“能源之星”伙伴的挑战测试，如果测试结果和提交的检测报告的误差超过5%，将会从“能源之星”的名单里被除名。

再如，日本的“领跑者”制度，其监管机制考虑了整个制度实施的参与方行为，全面地实施监督管理。日本政府根据不同的相关利益体，制定了不同的激励措施和各自的义务。比如，对生产商采取“胡萝卜加大棒”的方式，节能突出的生产商，不仅可获得政府的财政补贴，还可成为政府指定采购商，并在公开平台对其进行表彰及宣传推广。而约束手段主要是要求生产商必须标明产品能效，以及对达不到预期的企业进行行政处罚。

3.4.3.3　欧盟及美国、日本能效标识制度的监管力度

欧盟及美国、日本都具有高度完善的监管体系，同时采取了很多措施来保证监管体系的有效性。为保证耗能产品能效信息的真实性，欧洲家用设备制造商协会设立专项资金用于生产企业间的相互监督，准许各生产企业间互相对贴标产品提出质疑，并提供专门实验室对被质疑产品进行检测，若确实不符合标准，则先警告并责令改正，若警告无效则对其提起诉讼。但是，欧盟对于能效指标作假的企业的惩罚仅是从能效标识企业名录中除名，惩罚力度还不够大，可能会助长一些企业的投机行为。

美国能效标识制度监管的有效性，主要体现在美国对违反产品能效标识制度的企业采取严厉的惩罚措施。美国能源部及联邦贸易委员会对收到的投诉都会认真处理，并随时在市场进行抽查检验，若主要抽验结果没有达到标准，则会施以严厉惩罚。美国能效标识制度的监管主要包括两个方面：一是对耗能产

品能效标准的监督管理；二是对能效标识本身的监督管理。从表 3－4 可以看出，美国能效标识制度的惩罚严厉，且惩罚金额巨大。

表 3－4　美国能效标识制度监管要求和惩罚

项目	规定要求	惩罚措施
产品能效标准	能效指标按照规定的检测方法和程序进行检测，并达到联邦法规的最低能效限值要求或设计要求；制造商必须在产品投放市场前和规定时间内，按要求提交相关的自我声明文件，包括《认证报告》和《自我声明报告》，应确保声明“真实、准确、完整”；制造商应保持相应的检测记录，记录应保存完好，易于检索，且允许随时检查	停止问题型号产品的市场销售；制造商或经销商通知购买者不合格情况；对已售产品维修或更换；向美国能源部书面报告该问题产品的订单、仓储、运输、销售以及改进产品后的能效符合情况等 民事处罚：每个（次）违法行为将被处以 200 美元以下的罚款
能效标识	未按照要求加贴“Energy Guide”或其他相应标识，并保证标识粘贴牢靠、信息完备；阻碍检测记录的检查工作；未按要求提交相关资料；未按要求自费到指定实验室送检；阻碍产品检测过程的验证活动；营销宣传材料未满足规定要求；标识内容、数据错误对消费者进行误导	民事处罚：每个（次）违法行为的处罚金额为 110 美元乘以通货膨胀系数

（资料来源：10 CFR 430，10 CFR 431，16 CFR 305）

日本虽然建立了高度完善的企业诚信制度，但并没有形成法律法规，可能会存在极个别企业为了追求利益极大化的而采取冒险行为。在日本的“领跑者”制度中，年度监测未通过的生产商将会处以行政处罚。即使年度检测通过，生产企业也需要填写由日本经济产业省发放的调查问卷。对没有达标的生产商，监管部门会发出警告，不听从警告的则会被处以 100 万日元以下的罚款。

从以上细节来看，欧盟和日本较美国的能效标识制度的监管惩罚力度稍弱。

3.4.4　欧盟及美国、日本先进经验对中国的启示

我国紧跟欧盟及美国、日本的步伐，实施了能效标识制度，但我国能效标识制度建立较晚，相关制度尚未完善，需要逐步完善与优化。因此，借鉴国外成功经验，是我国建设能效标识制度的必要手段。

首先，从我国能效标识制度的运行基础来看，要注意以下几点：

一是我国能效标识制度相关法的法律地位。欧盟及美国、日本的能效标志制度的法律地位均很高，而我国的能效标准标识制度是基于《中华人民共和国节约能源法》（简称《节能法》），此法于1998年实施，2007年进行第一次修订，2008年4月1日开始实施。在《节能法》中，与能效标准相关的条款有11项，其中3项规定了能效标识制度，相比欧盟及美国、日本能效标识制度的法律地位，虽然以《节能法》为基础的立法地位较高，但涉及能效标识的法律条款较少，内容也需要进一步完善。我国已于2016年2月根据现行能效标识制度实施情况，对旧的《能源效率标识管理办法》进行了修订，对旧的《能效标志制度管理办法》进行了适当的优化与完善，以保证节能工作高效、持续地运作。

二是我国能效标识制度相关法的协调性。由于我国环境保护相关法律法规还不够健全，在实施环境保护时经验不足，在制定能效标识制度时，还不能做到方方面面都有法可依、有例可循，能效标识制度与其他环保法律之间的协调性有待加强。在今后的实践中，应根据不同的情况，不断完善能效标识制度相关法律法规，同时，在优化其他相关法律时，也应充分考虑能效标识制度的法律法规与实施情况。

三是我国能效标识制度相关法的实施难度。我国幅员辽阔，各地气候特征差异大，节能建筑的标准不应该是统一的，因地制宜才是最佳选择。根据美国经验，各州均有权制定本州的能效标准，借鉴美国的做法，我国能效标识制度也要注重因地制宜，地方政府相关部门可以根据当地实际情况制定合理的能效标准，充分发挥各地区的主观能动性作用。同时，我国制定能效标识制度时还应考虑角度的全面性，重视整体的协调发展。

其次，从我国能效标识制度的运行机制来看，主要有以下几点：

一是我国能效标识制度运行模式的曲折性。与日本情况相同，我国能效标识制度管理机构冗杂，包括国家发展和改革委员会、国家市场监督管理总局、国家认证认可监督管理委员会，这三个部门以协调会议的方式开展协调工作。国家市场监督管理总局与国家发展和改革委员会共同授权中国标准化研究院承担能效标识的备案管理及能效标识相关研究、备案核验、宣传、培训、市场检查、协调等工作，地方质检部门负责标识的地方监督管理。因此，我国应积极学习日本能效标识制度的运行模式，特别是“领跑者”制度运营和管理的成功经验，不断推进我国能效标识制度的发展。

二是我国能效标识制度运行机构的执行力。与欧盟及美国、日本相比较，我国目前能源立法整体上可操作性不够强，运行起来较困难。2007 年，《中华人民共和国节约能源法》经过完善，开始重视能效标准的计量，规定了各政府部门的职责，并细化了对能效标识的获取规则，可执行度得到了提升，且颁布了与其相关的国家节能标准[①]。除上述列举外，其余能源相关法的可操作性仍然不强，并且既没有配套的法律法规，也没有相应的具体惩罚条款，实际操作可能性不大。在实施能效标识制度时，应以可操作性为原则来制定法律法规。此外，还可学习欧盟和美国的成功经验，制定详细的监管方案与惩罚条款，保证我国能效标识制度的成功实施。

三是我国能效标识制度运行的有效性。从对欧盟及美国、日本能效标识制度的分析可以看出，依靠市场自发性运行机制，效率和效果都是最好的。但是，规范高效的政府机制也可以保证能效标识制度的成功运行。我国能效标识制度采用生产商自我声明、能效信息备案、市场监督管理三位一体的管理模式[②]。市场监督管理是指运用市场优胜劣汰的机制和社会监管机制来保障能效标识制度的有效实施，但市场机制要求行业市场高度完善。我国应借鉴欧盟及美国、日本的成功经验，不断优化和改进，找到最符合我国国情的能效标识制度运行模式。

最后，从我国能效标识制度的监管机制来看，有以下几点：

一是我国能效标识制度的监管特点。我国能效标识制度现在还处于发展阶段，监管模式目前主要包括以下四个方面：第一，国家市场监督管理总局每年抽查并测评；第二，国家发展和改革委员会等主管部门进行综合检查；第三，地方执法部门监督检查；第四，市场监督和社会监督。从以上四点可以看出，我国能效标识制度的监管特点主要体现在以政府为主、市场为辅。与欧盟及美国、日本的以市场为主的监管体系相比较，我国应加大改革力度，不断优化和完善能效标识制度的市场监督机制。

二是我国能效标识制度的监管完善性。从欧盟及美国、日本能效标志制度的监管完善性可知，能效标识制度的监管不仅要依靠政府的强制性监督，还需要市场、行业和消费者的协助，同时应根据本国特点制定出相符的能效标识制度监管机制。我国虽然制定了一系列法律法规，但缺乏灵活的市场机制及保障措施。就市场机制而言，我国能效标识制度执行中虽然有一些经济调控手段，

① 王辉．美国“能源之星”对我国建筑节能认证的启示［J］．质量与认证，2016（1）：42−43.

② 曹宁，夏玉娟，彭妍妍，等．中日能效标准标识制度浅析比较［J］．中国能源，2010，32（2）：42−46.

但主要还是依赖于政府。就保障措施而言，在实施过程中没有明确且严厉的奖惩措施，达不到预期的效果。所以，我国在实施能效标识制度时，应充分学习欧盟及美国、日本完善的监管体系，在构建政府能效监管制度的同时，也要注重加强市场机制改革，完善社会参与机制。

三是我国能效标识制度的监管力度。我国针对违反能效标识制度的企业制定了一些惩罚措施，比如，《中华人民共和国节约能源法》第十六条规定，"对落后的耗能过高的用能产品、设备和生产工艺实行淘汰制度，管理节能工作的部门有权对超过单位产品能耗限额标准用能的生产单位责令限期治理。"[①] 我国能效标识制度的制定可以借鉴美国"胡萝卜加大棒"的政策，一方面，通过强制性手段以立法的形式制定能效标准；另一方面，鼓励更高效的自愿性能效标准，并在企业违反规定时，加大惩罚力度。

总而言之，与欧盟及美国、日本相较，我国能效标识制度发展尚不成熟，运行基础、运行机制、监管机制等都还需完善。因此，我国应积极借鉴欧盟及美国、日本成功经验，制定出符合我国能效标识制度发展现状以及我国国情的能效标识制度。

① 《中华人民共和国节约能源法》（2007 年修订版）：包括 22 项高耗能产品单位产品能耗限额标准，5 项交通工具燃料经济性标准，11 项终端用能产品能源效率标准，8 项能源计量、能耗计算、经济运行等节能基础标准，于 2008 年由国家标准化管理委员会颁布实施。

第 4 章　中国现行能效标识制度分析

我国能效标识制度从概念到逐步建立与完善，经过了三十多年的历程，随着能效标识制度的建立与发展，我国用能产品的能效不断提高，社会的节能效果逐步凸显。回顾我国能效标识制度的发展历程，总结制度建设与实施的经验，分析我国现行能效标识制度存在的问题，剖析现行能效标识制度存在问题的原因，对进一步优化我国能效标识制度有重要的意义。

4.1　中国能效标识制度及实施效果分析

4.1.1　中国能效标识制度的形成与发展

我国能效标识制度，从理论探讨到制度建设与逐步发展，已有三十多年的历程，主要有三个阶段：从 20 世纪 80 年代开始着手能效标准的研究，20 世纪 90 年代建设起步与初步建立，2005 年后全面提升。

第一阶段，1979—1999 年，能效标识制度建设的起步期。这一阶段，无论是法规制定，还是管理措施的实施，主要是针对“节能”与“能效”，没有直接涉及能效标识制度。

改革开放初期，能源紧缺严重制约了我国国民经济的发展，1980 年 1 月，国务院发布《关于加强节约能源工作的报告》，决定成立专门的节能管理机构，将节能工作纳入国家宏观管理的层面，以节能为指引，推进加快国家有关部门对能效标准的研究与制定工作。

1981 年，国家标准 GB 2589—1981 发布，规定了《综合能耗计算通则》等 4 项能源基础标准，我国用能单位能源消耗指标的核算和管理有了统一的规范。1990 年又发布了 GB 2589—1990，取代 GB 2589—1981。

在法规制定方面，尚没有专门针对能效的法规颁布，但能效已被纳入产品质量的组成体系，颁布并实施了关于产品质量的一系列法规。

表 4-1　1979—1999 年我国涉及能效的相关法规一览表

实施时间	法规目录	发布机构
1991 年 5 月	《中华人民共和国产品质量认证管理条例》	国务院
1992 年 2 月	《产品质量认证证书和认证标志管理办法》	原国家技术监督局
1993 年 9 月	《中华人民共和国产品质量法》	全国人民代表大会
1995 年 9 月	《进出口商品标志管理办法》	原国家商品检验局
1998 年 1 月	《中华人民共和国节约能源法》	全国人民代表大会

1998 年实施的《中华人民共和国节约能源法》，将节能作为国家发展经济的一项长远战略方针，确定了“推进全社会节约能源，提高能源利用效率和经济效益，保护环境，保障国民经济和社会的发展，满足人民生活需要的节能管理目标。”① 虽然没有涉及能效标识概念，但提出了能效指标标注的基本要求，“生产用能产品的单位和个人，应当在产品说明书和产品标识上如实注明能耗指标。”② 指出了节能产品认证采用自愿的原则，提出了产品专项节能认证的一般要求。

这一期间实施的相关法规，确定了由国家发展和改革委员会、国家市场监督管理总局以及授权的认证认可监督管理委员会、国家标准化管理委员会行政机构，共同领导、管理我国能效标识工作。其中，中国标准化研究院作为授权机构，专门成立了能效标识管理中心，全面承担能效标识相关研究、备案、核验、宣传、培训、市场检查、协调等工作。标准化行政主管部门负责统一管理、审批、发布认证证书和认证标志的样式。③

国家授权认证认可监督委员会负责对包括能效在内的产品质量认证标志的使用进行监督，并定期报告国务院标准化行政主管部门。地方质检部门负责标识的监督管理。认证证书持有者必须建立认证标志使用制度，定期向认证认可监督委员会报告认证标志的使用情况。④

1998 年 11 月，由国家经济贸易委员会领导，国家质量技术监督局授权，组建了中国节能产品认证机构——中国节能产品认证机构管理委员会。1999

① 《中华人民共和国节约能源法》(1997 年 11 月 1 日颁布) 第一条.

② 《中华人民共和国节约能源法》(1997 年 11 月 1 日颁布) 第一条、第十六条.

③ 《产品质量认证证书和认证标志管理办法》(1992 年 2 月 10 颁布) 第二条.

④ 《中华人民共和国产品质量认证管理条例》(1991 年 5 月 7 日颁布).

年 2 月 11 日，制定了中国节能产品认证管理办法。1999 年 4 月，我国实施了节能产品认证活动，家用电冰箱成为我国节能产品认证的首类产品。2000 年以后，逐步将管形荧光灯镇流器、房间空气调节器等产品纳入了节能产品认证。在能效标识制度建设的起步期，用能产品能效标准的研究、制定与实施奠定了能效标识制度的技术基础，此阶段启动了节能产品的认证工作，为能效标识实施的方式与管理提供了成功的实践经验。

第二阶段，2000—2005 年，我国能效标识制度的建立期。

进入 2000 年后，我国在借鉴国际能效标识制度实施经验的基础上，结合具体国情，在加强能效标准系统化研究的同时，着手研究、制定我国的能效标识制度法规。

2001 年开始加强汽车节能标准研究，2003 年发布《轻型商用车辆燃料消耗量限值》，2004 年 9 月 2 日发布了《乘用车燃料消耗量限值》等汽车节能领域重要标准，基本建立了轻型汽车节能标准体系。

依据《中华人民共和国节约能源法》《中华人民共和国产品质量法》《中华人民共和国进出口商品检验法》《中华人民共和国进出口商品检验法实施条例》《中华人民共和国认证认可条例》，2004 年 8 月 13 日，国家发展和改革委员会与国家市场监督管理总局颁布《能源效率标识管理办法》，确定了国家对节能潜力大、使用面广的终端用能产品实施统一能效标识制度，制定和实施强制性能效标准，并在此基础上开展节能产品认证，让实施强制性能效标识制度成为我国节约能源、保护环境的有效政策措施。

2004 年 11 月 29 日，国家发展和改革委员会、国家市场监督管理总局以及国家认证认可监督委员会组织制定了《中华人民共和国实行能源效率标识的产品目录（第一批）》《中国能源效率标识基本样式》《家用电冰箱能源效率标识实施规则》和《房间空气调节器能源效率标识实施规则》。

2005 年 1 月开通能效标识官方网站。统一备案窗口，2005 年 3 月 1 日第一批进入目录的家用电冰箱和房间空气调节器，率先实施能效标识制度。至此，我国能效标识制度基本框架已经形成。

第三阶段，2006—2016 年，我国能效标识制度的发展及全面建设期。

第一，完善已实施的相关法律法规。

首先，分别于 2007 年 10 月、2016 年 7 月两次修订了《中华人民共和国节约能源法》。修订后的法规，提高了节能目标：在保持推动全社会节约能源、提高能源利用效率、保护和改善环境的同时，增加了促进经济社会全面协调可持续发展的目标设定，确定将节约资源作为我国的基本国策、将节约放在首位的能源发展战略[1]。新的《中华人民共和国节约能源法》对如何建立我国节能标准体系以及设定国家强制性节能指标提出了具体要求：国务院标准化主管部门和国务院有关部门，依法组织制定并适时修订有关节能的国家标准、行业标准，建立健全节能标准体系。制定强制性的用能产品、设备能源效率标准和生产过程中耗能高的产品的单位产品能耗限额标准[2]。另外，确定了国家对家用电器等使用面广、耗能量大的用能产品，实行能源效率标识管理制度[3]。2016年7月2日再次修订发布施行的《中华人民共和国节约能源法》，强调了国家相关管理机构对节能的评估和审查制度。

其次，全面修订了《能源效率标识管理办法》。2016年2月29日发布、2016年6月1日正式实施的新版《能源效率标识管理办法》，将网络销售能效产品纳入了能效规范；增加了能效标识内容和能效信息二维码，以方便消费者扫码并获知产品能效的详细信息，并要求如果产品属于国家能效“领跑者”产品目录，应当同时进行标注。要求生产者应当于出厂前，进口商应当于进口前，对列入“领跑者”产品目录的用能产品向授权机构申请备案。

新的《能源效率标识管理办法》，明确授权机构完成能效标识备案工作的时限；增加了豁免选项，以便利企业的生产经营活动；增强能效标识信息互联互通，并纳入全国信用管理；将能效产品的生产者、进口商、销售者（含网络商品经营者）、第三方检验检测机构、第三方交易平台（场所）经营者、国家工作人员及授权机构工作人员等，列入我国能效标识制度的法律主体，明确法律责任，强化惩罚力度。

再次，发布了我国“领跑者”制度实施方案。2011年，国务院在《“十二五”节能减排综合性工作方案》中提出要研究确定高耗能产品和终端用能产品的能效先进水平，制定“领跑者”能效标准[4]，要建立“领跑者”制度。2012年实施的《能效标识超高能效产品管理办法》及《能效标识超高能效产品管理实施细则》，为实施我国的能效“领跑者”制度奠定了基础。2014年12月31日，国家发展和改革委员会、财政部、工业和信息化部、机关事务管理局、国家能源局、国家市场监督管理总局、国家标准化管理委员会联合发布“领跑者”制度实施方案，“通过树立标杆、政策激励、提高标准，形成推动终端用

① 《中华人民共和国节约能源法》（2007年修订本）第三条、第四条.

② 《中华人民共和国节约能源法》（2007年修订本）第十三条.

③ 《中华人民共和国节约能源法》（2007年修订本）第十八条.

④ 国务院关于印发“十二五”节能减排综合性工作方案的通知 [EB/OL]. [2011－09－07]. http://www.gov.cn/zwgk/2011－09/07/content_1941731.htm.

能产品、高耗能行业、公共机构三大领域能效水平不断提升的长效机制，促进节能减排”[①]。

最后，颁布实施了《低碳产品认证管理暂行办法》。2013 年 2 月 18 日制定发布、2015 年 11 月 1 日起施行的《低碳产品认证管理暂行办法》，将能效标识管理与低碳经济发展要求相结合，以规范节能低碳产品认证活动，促进节能低碳产业发展。

第二，逐步扩大能效标识强制性认证的产品目录覆盖范围。

国家发展和改革委员会、国家市场监督管理总局、国家认证认可监督委员会，先后于 2005 年 3 月、2006 年 9 月、2008 年 1 月、2008 年 10 月、2009 年 10 月、2010 年 4 月、2010 年 10 月、2011 年 8 月、2012 年 6 月、2012 年 11 月、2014 年 9 月、2015 年 3 月、2015 年 3 月发布了 13 批新增的《能效标识实施产品目录》以及具体的产品实施规则。2016 年列入实施能效标识制度的产品涉及家用电器、工业设备、照明设备、办公及电子设备、商用设备共 5 大领域的 35 类产品[②]。

第三，建立并开始实施了能效“领跑者”制度。

2016 年 5 月 27 日，国家发展和改革委员会、国家工业和信息化部、国家市场监督管理总局联合发布了首批能效“领跑者”产品目录，包括家用电冰箱、平板电视、转速可控型房间空气调节器三类产品，入围 2016 年度能效“领跑者”产品目录的产品共计 150 个，入围生产企业 18 个，对能效领跑者给予政策扶持，引导企业、公共机构追逐能效“领跑者”。同时，能效“领跑者”网站、能效“领跑者”微信公众号也正式亮相运行。[③]

第四，改善了能效标识制度中备案、检测及其管理方法。

2006 年 5 月，能效标识管理中心实施了市场购样检测，改进了核验手段；2009 年 3 月，在保障日常备案平稳运行的基础上，引入了能效检测实验室备案管理制度；2010 年 8 月，加强信息管理，组织超高能效产品信息核实，2013 年 6 月，完善了网站，升级了数据信息系统，简化了管理流程，实现了无纸化备案管理流程；2014 年 6 月，运用信息化手段升级能效标识。在监督检查方面，从生产、检测、流通等环节入手，在国家抽查、地方监督、社会监

① 关于印发《能效“领跑者”制度实施方案》的通知［EB/OL］．［2015－01－08］．http://www.miit.gov.cn/n1146295/n1652930/n3757016/c3763984/content.html.

② 中国能效标识网．http://www.energylabel.gov.cn/nxbs/display.htm?contentId=89ad1b22d4be441e994de9a5fef9cb63.

③ 能效领跑者网．http://www.nxlpz.cn/lxfs.asp.

督等各层面，开展多种形式的市场监督活动，增强对能效标识符合性的基本保障[①]。

第五，加强了建筑、汽车行业的能效标准体系与管理制度的建设。

首先，推进了汽车燃料消耗量标识管理制度的建设进程。在原有轻型汽车节能标准实施的基础上，国家工业和信息化部 2009 年 8 月 5 日发布、2010 年 1 月 1 日起正式施行实施的《轻型汽车燃料消耗量标示管理规定》，加快了对重型商用车燃料消耗量限值标准的研究。

2015 年 12 月 3 日，国家工业和信息化部发布《关于调整轻型汽车燃料消耗量标识管理有关要求的通知》，规定从 2016 年 1 月 1 日起，轻型汽车燃料消耗量标识通过“汽车燃料消耗量标识备案数据核对系统”全面实行在线备案，实现了备案的便利化。国产汽车、进口汽车的燃料消耗量信息定期公布，加强了对消费者购买低油耗节能车辆的引导。

其次，启动了民用建筑能效测评标识项目。2005 年 4 月，国家住房和城乡建设部与市场监督管理总局联合发布的《中华人民共和国国家标准公共建筑节能设计标准》于 2005 年 10 月实施；2005 年，国家住房和城乡建设部与科学技术部联合发布了我国第 1 个部颁的关于绿色建筑的技术规范《绿色建筑技术导则》，规定了绿色建筑指标体系、绿色建筑规划设计技术要点，节能与能源利用采用调控和计量系统，确定节能指标。2006 年，国家住房和城乡建设部颁布了《绿色建筑评价标准》《绿色建筑评价技术细则（试行）》和《绿色建筑评价标识管理办法》，实施了对城镇新建和改建住宅性能评定项目。2008 年，国家住房和城乡建设部分别颁布与实施了《民用建筑节能条例》《民用建筑能效测评机构管理暂行办法》（建科［2008］80 号）、《民用建筑能效测评标识管理暂行办法》《民用建筑能效测评标识技术导则（试行）》（建科［2008］118 号）。2014 年，国家住房和城乡建设部组织开展了第一批民用建筑能效测评标识项目的评定工作，评审、核定、公布了 45 个项目民用建筑能效测评标识等级（理论值）。

4.1.2 中国能效标识制度实施的效果分析

纵观我国能效标识制度的形成与发展历程，与欧盟及美国、日本相比，我国能效标识制度的建设虽然起步晚，但推进速度较快，实施效果显著。我国能

① 中国标准化研究院网.

效标识制度的实施，在淘汰落后和化解过剩产能、节能产品推广、节能环保产品政府采购、节能改造工程、国际气候谈判等方面，发挥了重要作用，为我国完成能耗强度的约束性目标做出了重要贡献。

4.1.2.1　取得了显著节能减排效益

2005—2014 年，我国能效标识制度实施近十年，能源生产年增长速度 5.8%，低于能源消费年增长速度 6.4%，支撑起国内生产总值年均 9.8% 的增长率。如表 4-2 所示。

表 4-2　我国 2005—2014 年 GDP 与能源相关指标增长对比一览表

年份	GDP 增长速度（%）	能源生产增长速度（%）	能源消费增长速度（%）
2005	11.3	11.1	13.5
2006	12.7	6.9	9.6
2007	14.2	7.9	8.7
2008	9.6	5.0	2.9
2009	9.2	3.1	4.8
2010	10.6	9.1	7.3
2011	9.5	9.0	7.3
2012	7.7	3.2	3.9
2013	7.7	2.2	3.7
2014	7.3	0.3	2.2

注：GDP 增长速度按可比价格计算，能源生产增长速度和能源消费增长速度采用等价值总量计算①。

能效标识制度的实施带来的效益显著，在能效标识制度实施的第 10 年，即 2014 年，年能效标准节电量 1.6 亿，相当于半个三峡水电站的年发电量。自 2005 年 3 月 1 日起正式实施能效标识制度，截至 2014 年 12 月，共有 4 个领域 12 批 33 类产品纳入能效标识目录范围，备案产品型号 61 万多个，其中节能产品（能效等级为 1 级和 2 级）型号占比约 62% 。②

① 依据中华人民共和国国家统计局《中国统计年鉴》相关统计数据计算整理.

② 国家发展和改革委员会资源节约和环境保护司、国家市场监督管理总局计量司 2015 年 6 月编制的内部报告《2005—2015 中国能效标识制度实施十周年报告》.

截至 2014 年年底，共有 9000 多家生产企业主动参与了能效标识制度的实施，其中，活跃企业占比 64%，除 2011 年和 2012 年由于经济周期原因导致略有下降外，每年提交备案申请的企业和产品型号逐年增加。2015 年市场上粘贴能效标识的产品达到数百亿，取得了超过约 4419 亿度电的节能成效。如图 4-1、图 4-2 所示。

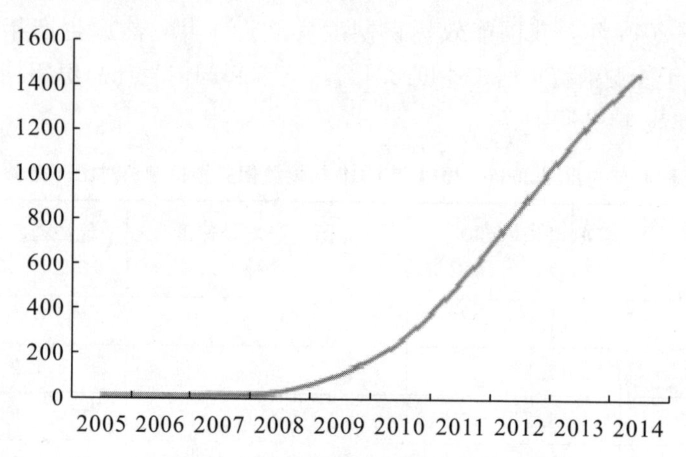

图 4-1　2005—2014 年我国能效标准年节电量示意图

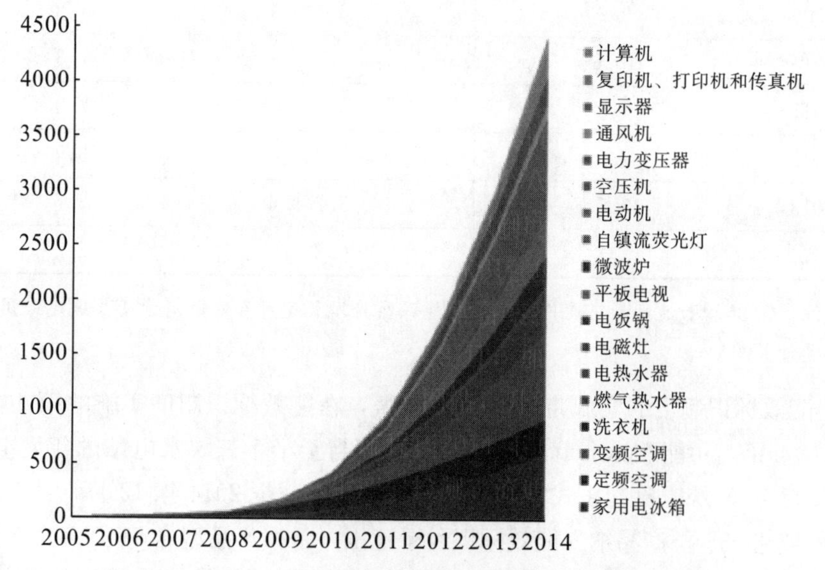

图 4-2　2005—2014 年各产品能效标识累积节电量示意图①

① 国家发展和改革委员会资源节约和环境保护司、国家市场监督管理总局计量司 2015 年 6 月编制的内部报告《2005—2015 中国能效标识制度实施十周年报告》。

包括能效标识制度在内的一系列措施的实施，推动了国家节能减排的发展，有效地促进了我国用能产品的能效提升，遏制了我国能源消费强度和主要污染物排放总量迅速攀升的态势。

4.1.2.2　提高了企业新技术研发与运用的积极性，推动了产业技术的升级转换

能效等级标识通过明示行业准入门槛，引领企业向“领跑者”能效标杆看齐，获取市场竞争优势，激发了生产企业对节能新技术研发、应用和对现有产品技术升级改造的动力。2005—2014 年我国能效备案企业和备案产品型号增长示意图如图 4-3 所示。

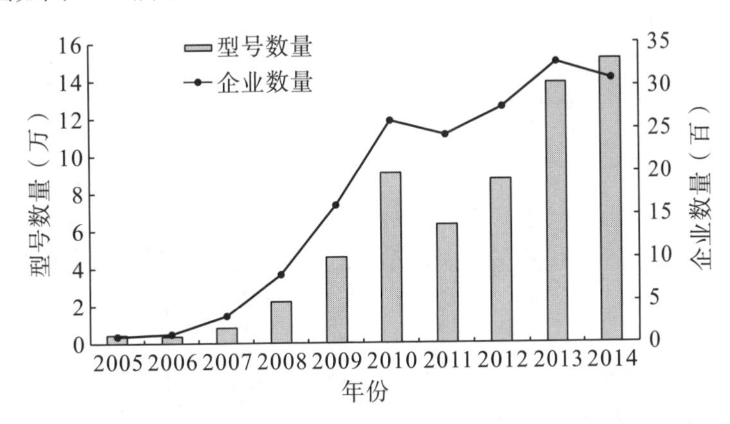

图 4-3　2005-2014 年我国能效备案企业和备案产品型号增长示意图

我国 14 家家电上市公司，2015 年研发投入占营收比重平均值已达 3.42%，其中，位居前三的美的、海尔、美菱公司，研发投入总额（人民币元）分别为 52.6 亿、24.61 亿、6.27 亿。[①] 持续不断的节能技术研发、投入，带来的是丰厚的回报，为企业在争夺市场制高点的过程中赢得了消费者口碑和竞争优势，从而加快了行业优胜劣汰的进程，带动了产业节能技术创新和产业化发展，推动了产业整体绿色转型的进程。

4.1.2.3　培育了能效标识服务的市场体系

我国能效标识制度允许粘贴能效标识的企业，自愿选择利用检测实验室或者委托依法取得资质认定的第三方检验机构检测。第三方检验检测机构，按照

① 依据我国上市家电企业 2015 年年报相关资料整理而得.

合同收取检测费用，这一制度激励了能效标识服务的市场体系的发展。

截至 2015 年，共有 910 家有资质的检测机构参与了能效标识信息检测工作。2008—2015 年，通过备案管理的能效检测实验室数量从 220 家逐年快速增长到 910 家，与 9000 多家生产企业自有检测实验室所占的比例约为 1∶10，结构合理，资源充沛，很好地支撑了能效标识制度的实施。[①]

4.1.2.4 提高了消费者对能效标识的认知度

能效标识制度的实施，在提升产品整体能效水平的同时，也使得高效节能产品零售价格逐渐向一般产品价格靠拢，甚至比一般产品价格更低，让消费者在花费同样甚至更少资金的前提下，享受到更高质量的产品服务。2005—2014 年我国能效标准年节电量示意图如图 4－4 所示。

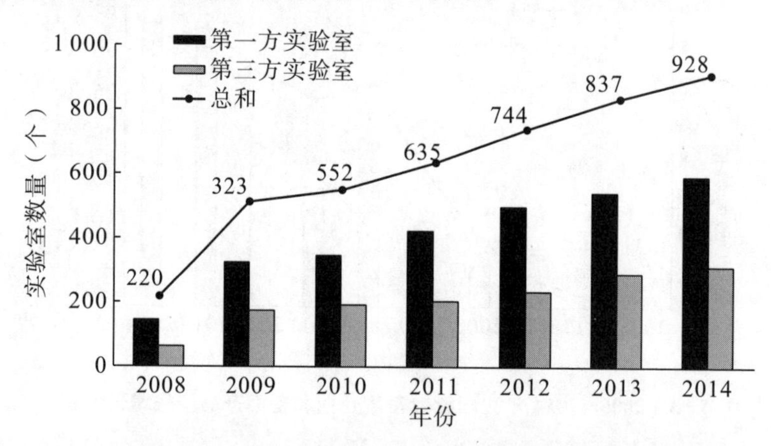

图 4－4　2005—2014 年我国能效标准年节电量示意图

以平板电视为例，我国平板电视自 2010 年能效标识制度实施至今，在产品尺寸逐年增加的形势下，整体销售价格呈现不断下降趋势，2010—2015 年 32 寸电视的平均价格下降 700 元，46～50 寸电视的平均价格则下降了 3500 元。[②]

随着能效标识制度的实施，以及对能效标识制度的宣传推广，消费者逐渐体会到使用粘贴能效标识产品带来的实惠，社会对能效标识的认知度迅速提高，如表 4－3 所示。

---

① 国家发展和改革委员会资源节约和环境保护司、国家市场监督管理总局计量司 2015 年 6 月编制的内部报告《2005—2015 中国能效标识制度实施十周年报告》.

② 国家发展和改革委员会资源节约和环境保护司、国家市场监督管理总局计量司 2015 年 6 月编制的内部报告《2005—2015 中国能效标识制度实施十周年报告》.

表 4-3　我国城镇消费者对能效标识认知度变动表

项　目	2006 年 3 月	2010 年 9 月	2015 年 5 月
城镇消费者认知度	42.7%	60%	98%

资料来源：依据中国标准化研究院能效标识管理中心网页数据整理。

4.2　中国能效标识制度的基本特征

4.2.1　中国能效标识制度的法律基础

《中华人民共和国节约能源法》《中华人民共和国产品质量法》《中华人民共和国进出口商品检验法》《中华人民共和国进出口商品检验实施条例》《中华人民共和国认证认可条例》《能源效率标识管理办法》，以及多项能效标识制度的配套规章、有关能效标准技术性规范等一系列法律法规的发布、修订与实施，从法律基础、标注要求、行政执法主体、专业技术检验支持等方面，确立了我国能效标识制度的原则和基础。我国目前较为体系化的法律基础，使能效标识制度的有效实施具有较强的法律保障。

4.2.2　中国能效标识制度的组织框架

我国能效标识制度的建立与组织实施，由国家发展和改革委员会（以下简称“国家发改委”）、国家市场监督管理总局、国家认证和认可监督管理委员会（以下简称“国家认监委”），以及发展和改革委员会授权的中国标准化研究院等部门负责。地方节能主管部门、地方质检部门在各自职责范围内对所辖区域内实施监督管理的组织形式。国家市场监督管理总局与发展和改革委员会授权的中国标准化研究院为接受能效标识备案的授权机构。我国能效标识制度的组织框架如图 4-5 所示。

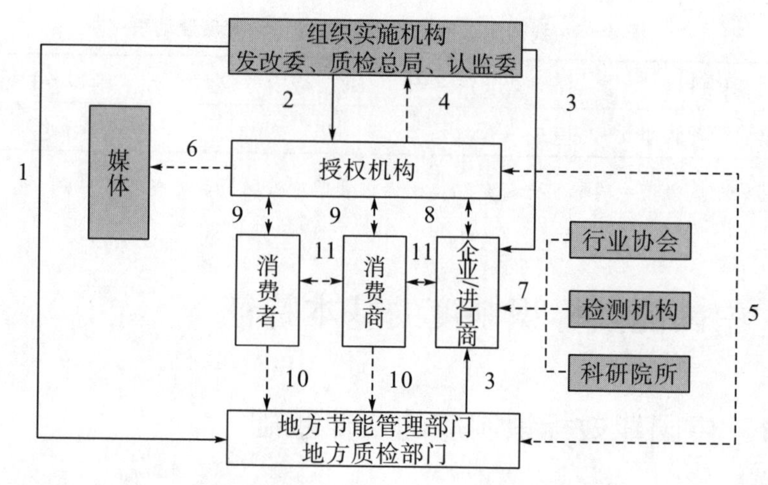

1—组织；2—授权；3—监督检查；4—建议；5—信息共享；6—公告；7—检测；8—备案和核验；9—投诉和查询；10—投诉、举报；11—社会日监督和信息反馈

图 4-5　我国能效标识制度的组织框架

（资料来源：国家发展和改革委员会资源节约和环境保护司、国家市场监督管理总局计量司 2015 年 6 月编制的内部报告《2005—2015 中国能效标识制度实施十周年报告》）

注：⟶为行政指令流；- - -›为信息流。

4.2.3　中国能效标识制度的实施方式

我国能效标识制度的实施采用以强制性与自愿性相结合，强制性为主的实施方式。

（1）列入《中华人民共和国实行能源效率标识的产品目录》的产品采用强制性方式。

首先，除了依法豁免外，列入《中华人民共和国实行能源效率标识的产品目录》的用能产品的生产与经营，必须符合不低于统一规定的能源效率强制性国家标准的要求。其次，生产、销售、进口《中华人民共和国实行能源效率标识的产品目录》范围内的产品都必须加贴能效标识。生产者和进口商必须根据国家统一规定的能效标识样式、规格以及标注规定，在产品包装物、说明书、网络交易产品信息展示主页面以及广告宣传中，标注与使用能效标识。[①] 生产者和进口商应当对其标注的能效标识及相关信息的准确性负责。

① 中华人民共和国国家发展和改革委员会、国家市场监督管理总局令第 35 号《能源效率标识管理办法》（2016 年颁布）第六条．

（2）没有列入《中华人民共和国实行能源效率标识的产品目录》的产品采用自愿性方式。

国家鼓励企业自愿对没有列入《中华人民共和国实行能源效率标识的产品目录》范围的用能产品，按《中华人民共和国实行能源效率标识的产品目录》的用能产品的要求，进行备案，标注能效标识。

（3）实施“领跑者”产品目录管理。

用能产品能效“领跑者”产品目录每年发布两次。“领跑者”产品目录的制定，采用企业自愿申报、专家评审、社会公示。对公示无异议的产品，国家发展和改革委员会、工业和信息化部、市场监督管理总局公告能效“领跑者”生产企业、产品目录及其能效指标，对能效“领跑者”给予激励。

4.2.4　对能效标识的形式与内容的基本要求

我国能效标识的名称为“中国能效标识”，英文名称为 China Energy Label，能效标识的基本内容包括：①生产者名称或者简称；②产品规格型号；③能效等级；④能效指标；⑤依据的能源效率强制性国家标准编号；⑥能效信息码；⑦能效“领跑者”相关信息。

我国能效标识可按比例放大或者缩小，但应清晰可辨，基本格式有两类[①]，如图 4−6 所示。

图 4−6　我国能效标识基本格式示意图

（资料来源：国家发展和改革委员会、国家质量监督管理总局和国家认证认可监督委员会 2016 年第 14 号公告）

① 中国能效标识网 . www. energylabel. gov. cn.

4.2.5 中国能效标识制度的独特运行模式

我国现行的能效标识制度运行模式的基本框架为："企业自我声明+能效信息备案+监督管理"。

(1)"企业自我声明"是我国能效标识制度的重要特征。

企业自主选择合规的自有检测实验室或第三方能效检测机构；自行安排检测产品能效，并取得产品的能效检测结果报告；依据检测报告和国家相关标准，自行确定标识信息；企业依据相关要求自行印制、粘贴、使用产品能效标识；自行按规定的要求向授权机构申请备案；企业自行对其能效标识内容与标识的粘贴、使用等相关行为，承担相应法律责任，并接受国家有关部门的监督检查。

(2) 备案机构为国家相关管理部门及其授权机构。

受理备案的国家授权机构，按规定对提交资料符合要求的企业，办理备案；同时负责对企业使用的能效标识及产品能效检测报告进行核验，并通过撤销能效不合格产品生产者或者进口商的相关备案信息并及时公告的方法进行监管。

(3) 现行监管模式的特点是"政府监管+企业自律管理+其他管理"。

国家相关职能部门依法加强监管，对违反规定的行为建立信用记录，并纳入全国统一的信用信息共享交互平台，同时按相应的法律法规，对违法企业进行处罚，构成犯罪的，依法追究刑事责任。在强调国家负责监管的同时，注重企业自我约束、自我管理与企业间的相互监督；国家鼓励单位、个人与其他社会团体，向地方节能主管部门、地方质检部门举报违法违规企业。

4.3 中国现行能效标识制度存在的主要问题

4.3.1 中国现行能效标识制度覆盖面较窄

(1) 列入《中华人民共和国实行能源标识的产品目录》的产品类别与品种范围仍然偏窄。

截至2016年，我国众多主要用能终端产品中，列入实施能效标识制度的产品，共有13批，涉及家用电器、工业设备、照明设备、办公及电子设备、商用设备共 5 大领域的 35 类产品。

首先，率先实施能效标识制度管理的家用电器至今品种依然不够。现行列入《中华人民共和国实行能源标识的产品目录》（以下简称《目录》）的家用电器类产品中，主要是洗衣机、冰箱、空调、热水器、微波炉等传统家用电器。近年来，随着我国经济的高速增长，居民消费能力与消费水平有了很大的提高，取暖器、除尘器、空气净化器、健身保健等电器的普及率与消费增长不断扩大，但截至 2016 年，这些家用电器仍然没有被列入《目录》中实施能效标识制度的范围。能效标识制度管理范围的扩展，没有体现我国家电消费水平与消费结构的巨大变化。

其次，《目录》中的工业用能产品与设备明显偏少。工业一直是能耗较高的产业，2000 年以来，我国工业能源消耗的比重虽然持续降低，但一直占全国能源消费总量的 65%以上。工业终端产品能源消耗中，制造业所占比重居首位，到 2015 年仍高达 67.97%。[①] 见表 4—4、表 4—5。

表 4—4　我国能源消费概况

年份	2005	2010	2011	2012	2013	2014	2015
能源消费总量（万吨标准煤）	261369	360548	387043	402138	416913	425806	430000
工业能源消费量（万吨标准煤）	187914	261377	278048	284712	291131	295685	292276
工业能源消费增长率（%）	15.01	7.31	6.38	2.40	2.25	1.56	−1.15
工业能源消费比重（%）	71.90	72.47	71.84	70.80	69.83	69.44	67.97

资料来源：吴滨. 中国能源消费现状及趋势分析[EB/OL]. [2017—07—31]. http://www.xjdrc.gov.cn/info/11504/14615.htm。

表 4—5　我国制造业终端能源消耗占工业终端能源消费的比重表

年份	2005	2010	2011	2012	2013	2014	2015
制造业终端能源消耗量（万吨标准煤）	155614.7	209928.8	2382752	237819.1	244645.7	245051.4	244920

① 国家统计局能源统计司．中国能源统计年鉴 2015 [M]．北京：中国统计出版社，2015.

续表4-5

年份	2005	2010	2011	2012	2013	2014	2015
制造业终端能源消耗比重（%）	87.50	87.96	87.93	88.11	87.84	82.88	83.00

资料来源：依据中国能源统计年鉴相关资料计算。

现行《目录》中，家用电器、商用或办公用电器设备占有很大的比例，工业用能产品与设备明显偏少。到2016年，进入能效标识管理《目录》的工业设备主要有：中小型三相异步电动机、交流接触器、通风机、容积式空气压缩机、电力变压器、热泵热水机（器）、溴化锂吸收式冷水机组，占《目录》所列产品总额的比例仅为31%左右。

（2）进入《目录》产品中的非用电设备和新能源类产品严重不足。

列入现行《目录》中的用能产品，无论是家用、商用、工业用的产品，绝大部分是电器，对燃油设备、用水设备和燃气设备以及新能源领域的用能产品涉及远远不够。

（3）汽车行业、建筑行业至今没有进入现行的能效标识管理制度。

汽车行业、建筑行业是进入工业化、城镇化阶段的国家能源消耗增长较快的行业。2005—2014年，我国汽车、房地产行业进入高速增长时期。民用汽车、民用住宅建筑物、公共建筑物作为终端用能产品，是我国能耗消耗量较大的产品。2005—2014年，我国先后颁布并实施了汽车业、建筑业的行业能效标准，但至今仍未将其纳入能效标识制度体系。

表4-6　2006—2014年我国轿车、住宅年产量变化[①]

年份	轿车		住宅	
	生产量（万辆）	增长率（与上期比较）	竣工面积（万平方米）	增长率（与上期比较）
2006	570.49	—	45471.8	—
2010	748.48	31%	63443.1	40%
2014	1210.43	62%	80868.3	27%

资料来源：根据2005—2015年中国国家统计局《中国工业经济年鉴》《中国房地产年鉴》相关资料整理计算。

注：与上期比较的基期分别为2006年、2010年。

① 依据2005—2015年中国国家统计局《中国工业经济年鉴》《中国房地产年鉴》相关资料整理.

4.3.2　中国现行能效标识内容存在缺陷

2005 年我国能效标识制度建立时，国家经济发展增速较高，但社会经济与技术整体水平和发达国家差距较大，制定实施的能效标准是基于“采取技术上可行、经济上合理以及环境和社会可以承受”[①] 的考虑。我国能效标识的核心内容是能效标准、能效等级，其中能效标准的依据是国家强制性标准，并依据用能产品的能效水平测定，区分能效等级。

（1）现行能效标识中的能效等级指示度不够清晰。

我国现行的能效标识中，将能效等级分为 1～3 级 或 1～5 级，1 级最节能；3 级或 5 级是市场准入要求。进入《目录》的产品，按国家统一规定的能效标准和测试的能效，以统一的格式显示产品能效所属等级。而能效标识制度实施之前，我国对用能产品的节能实施认证制。进入能效标识管理《目录》的产品，必须合规粘贴、使用能效标识，同时，通过节能认证后，要会使用“节能”标志。

我国 2015 年开始实施“领跑者”计划。入围 2016 年度能效“领跑者”的产品，其能效等级要求为能效 2 级，而能效 2 级只是现行能效标准里的节能评价值，把节能评价值作为能效领跑者的入门门槛，与其实施目标——树立能效标杆，引领引导企业、公共机构追逐能效“领跑者”存在偏差。

（2）现行的能效标识制度中不少产品的能效标准偏低。

能效标识制度实施 10 年以来，虽然我国对家用电冰箱、房间空气调节器、电动洗衣机、自镇流荧光灯、转速可控房间空调调节器、家用电磁灶、复印机、打印机和传真机等类型产品的能效标准进行过修订，但一些列入《目录》产品的能效标准，并未随着技术的提升不断更新。有的产品的能效标准，自发布之日起从未进行过修订。例如，2016 年列入《目录》的单元式空气调节机，现在仍然实施的是 2004 年发布的 GB 19573—2004 标准。

① 《中华人民共和国节约能源法》（2007 年修订）.

4.3.3 中国现行能效标识制度实施中存在不少违法现象

(1) 生产、销售无能效标识产品的现象依然存在。

无论是实体生产、经营、销售，还是电子商务，无能效标识产品进入市场的情况屡禁不止，这种现象在农村、中小城镇较为突出，而线上销售产品展示页面无能效标识，以及能效等级和能效指标缺乏规范的公示等情况较为普遍。

(2) 假冒能效标识以及能效信息与备案信息不一致的现象较为普遍。

企业粘贴未依法备案的假冒能效标识，贴标能效展示信息与备案信息不一致的现象较为普遍，网上销售的产品尤为严重。2014 年 10 月 11 日，国家标准化管理委员会能效标识管理中心发布的第一期《能效标识简报》，公布了能效标识使用状况相关内容。2014 年 3 月，对京东、天猫等 10 家线上平台进行了核实产品能效标识的专项检查，检查结果表明，能效标识备案和能效信息符合性情况，涉及 4000 个型号，不匹配率达到 42%；2014 年 8 月，对 2014 年 3 月调查情况进行复查，涉及 1564 个型号，不匹配率仍旧高达 38.87%。①

(3) 能效标准与等级存在“虚标”的情况较为突出。

一方面，部分守法意识淡薄的企业，不当利用“自我声明”的便利，在能效标识上标注虚假信息；另一方面，一些并不具备能源效率检测能力的实验室或检测机构，虚报检测资质与检测能力相关资料，骗取检验资格，出具的产品能效检测报告缺乏真实性和可靠性，在监管不力时，“虚标”泛滥在所难免。

中国标准化研究院能效标识管理中心，从 2008 年 6 月（能效标识第三批《目录》）开始，对能效标识检测实验室进行备案管理，截至 2015 年上半年，备案实验室 910 家，其中，第三方实验室 318 家，占比 35%；企业实验室 592 家，占比 65%。从 2009 年开始，能效标识管理中心展开了能效标识检测实验室数据一致性核验工作，涉及能效标识 5 大领域 25 类产品，包括 9 类家用带电器、5 类制冷空调领域产品、4 类办公及电子设备、5 类工业设备和 2 类照明产品，占能效标识总产品目录的 86%，截至 2014 年，共开展了 5 次，涉及 60 类·次、1600 家·次实验室，积累数据几十万组，检查结果表明，贴有能效标识的产品，其标注的能效标准与国家权威机构的检测结果存在不小差异，平均离群率为 14.5%。②

---

① 中国标准化研究院网站.

② 中国标准化研究院网站.

实际能耗、能效等级与其能效标识上所标注的并不相符，不但欺骗了消费者，而且扰乱了市场秩序。

4.3.4 中国现行能效标识制度的实施效果有很大的提升空间

我国自实施能效标识制度以来，尽管已经取得了显著的节能减排效益，但无论是与这一制度建立初期时的目标设计相比，还是与具有先进能效管理的国家相比，我国能效标识制度的实施效果都存在不小的差距。

（1）对促进普通消费者向节能、绿色消费方式转化的作用有限。

我国能效标识制度设定的目的之一是，通过为用户和消费者的购买决策提供必要的能效信息，引导和帮助消费者选择高能效节能产品，实现国家节能目标[①]。从我国能效标识制度实施的结果看，达到这一目标的实施效果，依然任重道远。

2014 年前后，国际电器标准标识合作组织（CLASP）在我国的分支机构，选择国内市场上 9 类主要家电产品，对我国城镇消费者抽样调查的结果表明：实施能效标识制度以来，我国城镇消费者对能效标识认知度迅速提高，但只有 37%的被调查者认为，能效标识对其购买决策有重大影响。[②]

（2）推动企业的创新发展方面的作用仍显不足。

节能技术的研制、开发与应用，不仅需要持续的大量投资，而且企业还面临投资周期长、研制开发风险高、市场不确定的压力。在目前激励机制发挥作用不大、“虚标”治理效果不显著状况下，企业缺乏生产更高能效产品的积极性。

深入剖析我国能效标识制度存在的问题，分析其产生的主要原因，是完善与优化我国能效标识制度的重要前提。

---

① 国家质量监督检验检疫总局法规司．中华人民共和国节约能源法知识问答［M］．北京：中国社会出版社，2008.

② 我国超 90%城镇居民“知道”能效标识，37%受访者认为能效标识对购买决策有决定性影响［EB/OL］．［2014 − 06 − 10］．http://www.aqsiq.gov.cn/zjxw/dfzjxw/dfftpxw/201406/t20140610_414866.htm

4.4 中国能效标识制度存在问题的原因分析

4.4.1 中国社会经济发展阶段与经济增长方式的局限

我国能效标识制度建设，起步于20世纪80年代初，确立于2005年3月。家用电冰箱和房间空气调节器率先实施，能效标识制度覆盖面至今较窄，涉及的产业有限，部分能效标准偏低，与我国社会经济发展阶段与粗放式的经济增长方式有密切的关系。

从20世纪80年代中期到90年代末期，随着经济体制改革的推进，对外开放的加快，社会经济步入快速发展时期，社会经济水平、居民消费能力提高较快，但与此同时，我国社会经济增长方式整体上是粗放型的，主要依靠以能源为代表的生产要素的投入来推动社会经济的发展。随着工业化进程的快速发展，我国能源需求日益增长，在1992年已经出现能源缺口，能源短缺问题已成为制约我国经济发展的瓶颈。

以家电为代表的日用消费品，由于技术、资金进入门槛不高，社会需求旺盛，市场化推进较快，产业发展较为迅速。这一时期，我国家电行业的技术水平，从主要依靠引进技术较快过渡到掌握尖端自主技术，家电企业走过了从质量到成本，到规模，再到市场的竞争历程；我国家电产业从无到有，经过20世纪90年代初的爆发增长，到21世纪初成为世界家电制造大国、出口大国；国内家电市场从供不应求到20世纪90年代末的市场逐步饱和；电视、洗衣机、空调等家电产品，由居民生活中的奢侈品变为日用品。家电产业是中国发展最迅速，竞争最激烈，与国际接轨最彻底的产业。

我国能源资源受约束，能源效率普遍较低，一方面，由于日用家电社会需求量大，总的耗能量高，节能潜力大；另一方面，我国家用电冰箱和房间空气调节器行业发展总体上比较成熟，企业自律能力较强，市场活动比较规范。与此同时，国内日用家电检测能力相对较好，日用家电能效标准已经实施了分级，能够满足实施能效标识的要求，具备了率先实施能效标识制度的条件。2005年，我国对冰箱、空调等家用电器率先实施能效标识制度管理，并进一步推广到类似终端用电产品以及部分商用、办公、工业等领域的设备。

20世纪90年代中后期，我国汽车产业步入产业规划期。21世纪初期，我国确立汽车产业为国家经济支柱产业的地位，我国汽车产业进入高速增长期。

2004年9月，我国建立了轻型汽车强制性节能标准体系。2006年，我国汽车产销量突破720万辆，成为世界上第三大汽车市场[①]。与家电产业不同的是，汽车产业是技术、资金密集型的高端产业，尽管目前我国汽车生产、销售规模已连续多年成为世界第一大国，但我国汽车产业发展的成熟度明显不够，目前存在的主要问题是，市场份额中，自主品牌汽车的比例很低，我国汽车企业仍然缺乏行业核心技术，其技术研发与应用的实力、管理的水平、综合竞争力与国际汽车大企业相比，存在不小的差距。

经过20世纪90年代中期以后的试点，2000年，中国的福利分房制度终止，住房制度改革继续深化并稳步发展，我国房地产市场逐步发展起来。2003年后，房地产行业进入快速发展时期。我国房地产行业目前存在的主要问题是，行业风险较大，住宅供应不足，产品结构不尽合理。行业主管的建设部门，加快了建筑行业能效标准体系的建设，启动了民用建筑能效测评标识项目。

国务院在2006年提出，要"加快实施强制性能效标识制度，扩大能效标识在家用电器、电动机、汽车和建筑上的应用"[②]。但由于我国汽车、建筑产业的发展阶段与发展成熟度明显落后于家电产业，行业内企业对节能技术的开发与运用的意识与能力有限，消费者对汽车与住宅产品进行消费选择时，对能效的关注度与经济承受力普遍较低。同时，受国内检测资源、能效标准体系及其管理的制约，汽车、建筑行业至今未纳入现行能效标识制度管理的范围。

4.4.2 现行能效标识制度的缺陷

4.4.2.1 总体组织框架设置上存在局限

首先，管理机构的职能安排过于集中，不利于提高能效标识制度的实施效果。我国现行能效标识管理组织有国家发展和改革委员会、国家市场监督管理总局、国家认证认可监督管理委员会与中国标准化研究院等，但中国标准化研究院分担的职能较多，主要有：能效标准的制定与修订，能效标识日常备案与管理，能效检测、验核与管理。中国标准化研究院作为授权单位，既是研究、制定、修改能效标准的部门，又是接受企业能效标识备案与备案管理的主要机

---

① 2015中国汽车市场年鉴中国汽车流通协会.

② 《关于加强节能工作的决定》(国发〔2006〕28号).

构之一，同时还是能效检测与验核的专门机构，过于集中的职责设置与其机构配置的现有基础不相匹配。

作为国家级社会公益类科研机构，中国标准化研究院的主要任务是：研究我国全局性、战略性和综合性的标准化工作。目前，中国标准化研究院有职工500多人，能效标识备案及其管理的具体机构——资源与环境分院，只是中国标准化研究院下属部门之一，负责国家授权有关节能、减排、节水、可再生能源等领域的国家强制性能效标准的研究、修订工作，归口管理相关领域的标准化技术委员会秘书处工作，同时承担相关资源与环境领域的标准科学实验、测试等研发及科研成果的推广与应用工作。①

资源与环境分院的下属机构——能效标识管理中心、用能产品能效实验室、节能产品惠民工程管理办公室，是具体办理接收与负责能效标识日常备案及其管理，备案产品能效检测、核验的主要机构。无论是从职能设置，还是从资源配置上，中国标准化研究院难以同时承载能效标准的研究、制定、修改，能效标识的备案与备案管理、能效检测与验核的工作。这种组织设计，使现行能效标识制度在“企业自我声明+能效信息备案+监督管理”的运行模式下，存在监管乏力的巨大风险。

其次，现行能效标识制度监管机构的协调性存在问题。目前我国能效标识的监督管理，主要是由国家市场监督管理总局同下属地方分局，与国家住房和城乡建筑部、交通运输部、工业和信息化部等行业管理部门共同负责完成的。

目前，我国节能潜力大、使用面广，能源消耗大的建筑物、汽车领域的节能监督管理还没有被纳入国家质量监管体系，而是授权住房和城乡建设部与交通运输部管理②，这种管理设置，虽然有利于发挥行业专业技术监管的优势，但也不可避免地存在监管协调难度增大、监管成本增高的弊端，不利于社会整体节能效率的提高。

---

① 中国标准化研究院网站.

② 中华人民共和国节约能源法（2016年7月修订）[EB/OL]. [2018-06-07]. http://fgw.gzlps.gov.cn/ztzl_42272/fzxc/201806/t20180607_1608354.html.

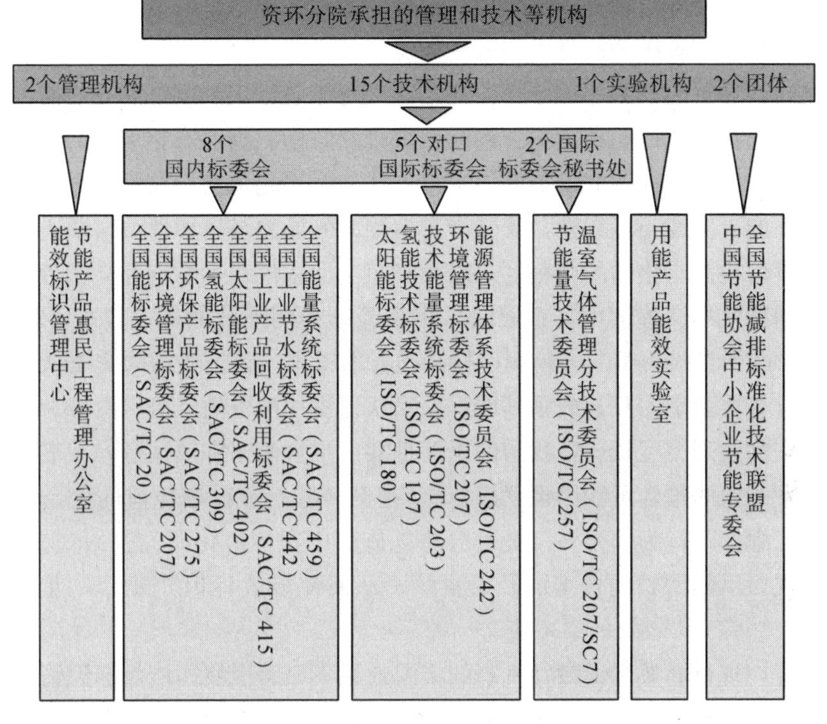

图 4－7　中国标准化研究院资源与环境分院机构示意图

（资料来源：中国标准化研究院网站）

4.4.2.2　能效标识制度的运行机制存在缺陷

第一，能效标准制定机制有待优化。目前我国有关建筑物、汽车的能效标准，主要是针对汽车或建筑行业的某一项目，汽车行业主要针对燃料消耗量，建筑行业主要针对民用建筑。汽车与建筑物作为终端用能产品，如何在现行能效标准体系上，确定能效标识中的能效等级标准，在机制设置上尚未明确。目前汽车、建筑行业用能产品能效标准体系不够完整，是以能效信息为核心的能效标识至今无法在建筑行业与汽车行业实施的主要原因之一。

第二，消费者对能效标识等级的识别存在一定障碍。现行体制下，用能产品粘贴的标识因具体管理部门不同，产品能效等级的确定与表述方式指向不清。用能产品中，绿色、低碳、节能、“领跑者”产品都有能效等级考核内容，但不同类型的能效级别，缺乏统一协调，这给不同类型用能产品能效等级的衡量带来困惑。

第三，能效标准与能效等级的修订机制存在不足。进入能效《目录》产品的相关能效标准等级水平，部分滞后于行业平均技术水平的更新。因此，现行能效标准与能效等级的修订机制有待优化。

第四，现行能效测评机制存在缺陷。现行能效标识制度对能效的检测，由企业自主选择自我检测或第三方检测。现行能效标识制度规定了检测技术、标准与流程，明确了检测方的条件与法律责任，采用先备案后核验的方式，其能效符合性的真实性与可靠性，既受制于检测方的能力与自律性，又取决于监管部门备案后检测复核的严格程度，以及对违法、违规行为的查处与惩治力度。

我国能效标识检测中，企业以自用实验室检测能效的比重较高，2015 年高达 90%。[①] 目前，第三方检测机构必须要取得国家认证机构的资质认可，而对企业自有实验室，只是鼓励其取得国家认证机构的资质认可。由于对企业自有实验室的管理力度较轻，我国信用信息共享平台尚未有效运行，一般企业自有实验室的检测报告可能出现“虚标”，甚至一些行业排名靠前的大企业也出现能效“虚标”行为。另外，负责检测复核的中国标准化研究院的现有配置，无法实现对巨额增长的备案的及时复核，从而使能效标识“虚标”现象难以遏制。

第五，现行能效标识激励机制的实施效果不显著。我国能效标识管理相关法律法规中，有不少鼓励节能服务机构、行业协会、企业与消费者参与包括能效标识在内的节能监督管理、宣传、培训活动的条款；国家能效标识“领跑者”制度也设置了激励能效“领跑者”的规定。但是，如何实施这些规定，激发参与者的内在动力，缺乏具体的措施。

4.4.3 现行能效标识监管体系不完善

（1）监管依据的法律体系有待完善。

目前，有关能效标识监管的法律法规虽然已成体系，但体系尚未健全，一些法规缺乏具体的责权界定、措施与方法规范，对违规违法行为的查处缺乏统一依据，导致监管弹性空间比较大，为一些不法生产商、经营商钻法律法规的空子创造了条件。对于“互联网+”带来的产业发展、生产经营模式的快速转变中遭遇的监管问题，缺乏及时、系统的研究，导致对这些领域能效标识的违法违规行为治理效果不够好。

---

① 中国标准化研究院网站.

（2）现有监管部门监管乏力、处罚不严。

监管部门对能效标识实施中的违规、违法行为的监管力度较弱。现行的能效标识制度中，行政监管主体较多，有国家市场监督管理总局、国家发展和改革委员会、国家认证认可监督委员会、国家标准化管理委员会、标准化研究院等主管部门以及授权的行业管理部门，同时还有相应的地方执法部门，监管机构较为分散，多头监管部门因职责界定不清，协调统一监管机制效果有限。对能效标识的监管，一般采用专项检查的方式，专门针对能效标识的抽查和检验，主要包括产品能效标识的检查、核验企业对能效标识制度执行情况的检查、能效标识市场专项检查等，但这些缺乏制度化的日常检查，使监管的长效作用没有得到很好的发挥。另外，监管部门对能效标识违法行为的处罚力度较轻，监管效果亟待提升。

（3）社会监督体系缺位。

一方面，由于消费者能效意识不强，对能效标识实施的监督缺乏社会基础；另一方面，由于能效信息不对称，相关投诉渠道不畅通，受理投诉的能力不强，导致在能效标识社会监督方面，存在长期缺位的现象，有效的社会监督机制还没有形成，生产商、销售商、消费者、社会公众和媒体舆论的作用基本没有发挥出来。

4.4.4　宣传引导不足，企业和公众能效意识薄弱

无论是企业还是消费者，节能、低碳、绿色的观念还不太强，缺乏主动践行节能、低碳、环保的意识，对能效标识的重视度不够，其主要原因有以下几点：

（1）能效标识宣传教育体系涵盖不够全面。

目前，我国能效标识的宣传教育主要针对大中城市居民，而拥有广大消费群体的中小城以及农村，接受能效标识宣传与教育的渠道非常有限，对能效标识的了解较少，认知度较低，在消费时很少借助能效标识来判断节能效益。

（2）对经销商、运营商的能效标识宣传教育较为欠缺。

进入能效管理《目录》的生产企业，因有相关部门的管理，接受能效标识教育培训的机会较多。而营销人员、经销商，尤其是网络运营商，则对能效标识的认知度较低，甚至有些经销商在销售未粘贴能效标识产品被查处时，才知道国家对能效标识的管理要求。经销商、运营商对能效标识及其管理要求的无知，是目前经营未贴标、违法使用能效标识的原因之一，也是不能发挥经销

商、运营商在能效标识管理中的积极作用的重要原因。

（3）能效知识的国民教育有所忽略。

目前中小学课程体系，已涉及节能、环保、绿色相关内容，但能效标识相关内容较少，能效标识教育不够普及，不利于节能文化的建设。

第5章　中国能效标识制度的总体设计优化

能效标识制度的总体设计优化包括具有累进关系的四个方面：总体目标的优化、目标建设的优化、体系的优化以及实施策略的优化等。应在能效标识总体规划的框架下，进行法律建设和制度建设，最后确定具体的实施方法和手段。本章将对以上四个方面进行讨论。

5.1　中国能效标识制度总体目标的优化

能效标识制度是我国可持续发展战略中的重要一环，其最终目标包括节能减排、保护环境和市场分流三个方面。通过三个方面目标的实现，可以有效促进我国能源效率管理体系的形成。

在节能减排和保护环境两个方面，能效标识能够激励产品提高能效水平，改善能源利用效率，在达到节能减排和保护环境目的的同时，推动经济转型和产业升级。近20年来，中国的快速发展导致生态环境的破坏，原有的粗放型经济增长方式已经没有出路。“十三五”期间，我国既要完成到2020年单位GDP碳排放比2005年下降40％～45％的低碳目标，在2030年左右达到碳排放峰值，还要在大气污染防治等环境指标方面取得明显成效。在这一背景下，能效标识制度的实施可以有效缓解减排压力，而且欧美国家也为我国提供了相关发展经验。以欧盟国家为例，仅电冰箱、冷藏箱和冷冻冷藏箱的能效项目就可在1996—2020年使其计划用电量降低10％，相当于使消费者减少40亿美元的支出。[①] 自2005年中国开始实施能效标识制度以来，前三年累计节电68

① 王文革，汪文鹏，董向农．论完善中国能效标识制度的对策［J］．环境科学与技术，2009，32（6）：181－184.

亿千瓦时（kW·h）[①]；截至2016年，累计节电近5100亿千瓦时。预计到2020年，可总共节能780万吨煤当量（Ton of standard coal equivalent，Tce）。[②] 这种成本的节约激励了家电企业实施能效标识，为节能减排做出了巨大贡献。

我国实行能效标识制度的另一个主要目标是通过市场分流[③]实现节能减排和保护环境。市场分流可以加快产品的迭代更新，鼓励生产者改进和优化产品设计，提高高能效产品的市场占有率，达到在整个社会范围内节约能源的目的。市场分流还可以通过更新能效标识、执行新能效标准的方式来实现。例如，根据《关于批准发布〈沉头方颈螺栓〉等61项国家标准的公告》要求，从2013年10月1日起，平板电视、洗衣机、变频空调、空气能热水器和吸油烟机五大类家电开始执行新能效标准，部分家电产品的能效分级指数上升（如平板电脑和变频空调等），吸油烟机等产品则首次被纳入能效标识制度中[④]。2016年10月1日起，空调、洗衣机等家电产品开始实行新的能效标识，进一步提高了能效等级标准。这种新能效标准的实施可逐步淘汰掉能效水平低、耗电量大的产品，优化用能产品的能效水平，实现市场分流。

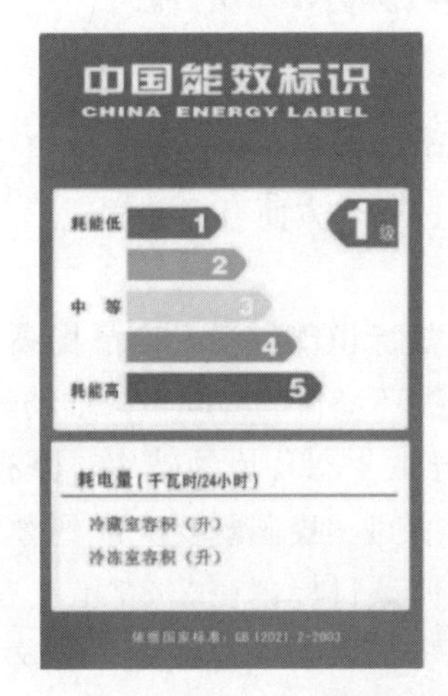

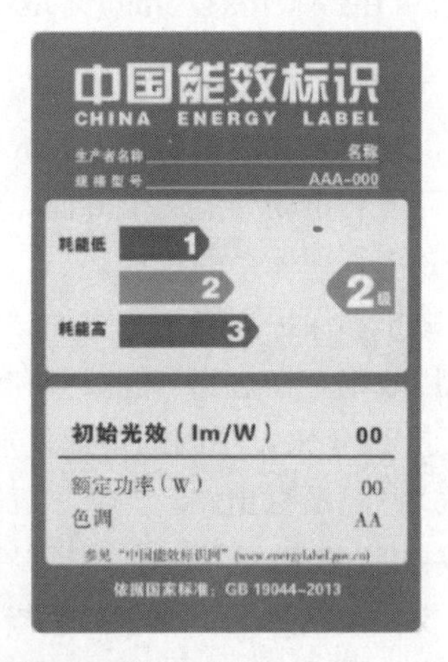

图5-1　我国两类国家标准下的能效标识

① 金名．家电能效标识何日"货真价实"？[J]．生态经济，2010（9）：14-17.

② 金明红，李爱仙．我国能效标识的制度框架[J]．中国标准化，2004（12）：6-8.

③ Mahlia T M I. Methodology for predicting market transformation due to implementation of energy efficiency standards and labels [J]. Energy Conversin and Management，2004（45）：1785-1793.

④ 中商情报网．新能效标准10月1日开始实施，家电旧能效标识仍充斥市场[EB/OL].［2013-10-22］. http://www.askci.com/news/201310/22/9505990.shtml.

5.2　中国能效标识制度目标建设的优化

我国能效标识制度的完善不仅需要加强其总体设计，更需要制定和完善详细的能效法律法规。根据《中华人民共和国立法法》规定，法律体系框架主要分为三个层次：法律、法规和规章。其中，法律由全国人大及其常委会制定通过；法规由国务院根据宪法和法律制定，也包括地方人大通过的地方法规；规章分为国家和地方两个层级，由国务院部委以部长令形式和地方政府以政府令形式发布。三者的效力逐步递减。能效标识制度的前身是 1998 年提出的节能产品认证制度，在国外对能效标识进行广泛使用并取得较好实施效果的背景下，我国也开始逐步加强对能效标识制度相关法律法规的建立健全。于 1998 年 1 月 1 日起正式实施的《中华人民共和国节约能源法》，是我国最早的一部涉及能效标识的法规。它规定当年 11 月正式推出节能产品认证制度。该制度是依据我国技术要求并按照国际通行程序，经中国节能产品认证管理委员会或中国节能产品认证中心确认并通过颁布认证证书和节能标志证明其有效性的一种认证范畴①。能效标识制度的另一个法律依据和基础是《中华人民共和国产品质量法》②，它于 1993 年 9 月 1 日起正式施行。除了规定产品质量监督管理以及生产经营者对其缺陷产品所致他人人身伤害或财产损失应承担的赔偿责任等，同时也规定了缺陷产品的损害赔偿。本节将从建立健全现行能效法规体系和加大违法惩治的力度等两个方面进行阐述。

5.2.1　建立健全现行能效法规体系

现阶段，虽然我国能效方面的法律法规为能效标识制度的完善和优化已经构建了一个重要的基础，但是我国能效标识制度相关法律法规体系仍不健全，并未构成一个完整的法律体系，还需要不断健全和完善。

第一，完善相关的能效标准，进一步完善能耗计算方法和提高能效的最低要求。欧盟先进的能效测算方法值得学习；欧盟节能证书制度中指标设立的合

① 王文革，汪文鹏，董向农．论完善中国能效标识制度的对策［J］．环境科学与技术，2009，32（6）：181－184.

② 《中华人民共和国产品质量法》（主席令第 71 号）.

理性和灵活性也值得借鉴。考虑到欧盟各成员国的国情和气候差异，节能证书制度并没有规定唯一的能效测算方法和最低能效值，允许成员国根据本国情况选择能效测算方法，给予相对落后国家一定的适应时间。针对我国复杂的地理环境和不同地区的发展情况，应该因地制宜，允许不同地理环境和不同经济形势的地区确立不同的能效标准。

第二，落实能效标识的评估机构和评估成本。考虑到我国大众节能意识不够强烈，相关市场尚未成熟，法律法规给予过多灵活性反而不利于制度的建立，因此，规定严格统一的评估机构和评估程序，确立相对适合的成本区间，再结合评估价格的市场灵活性，作为我国建筑能效标识制度的初级阶段政策，会更加符合我国国情。未来，可以考虑通过法规的形式赋予非政府节能减排服务机构和行业协会能效监管职能。它们更贴近市场，信息更为充沛，效率会更高。

第三，加强企业之间的监督和公众的参与。由于企业对本行业更加了解，掌握着具体的监测技术，因此，可以更准确地对同行企业实施监督。此外，企业还有监督同行以提升自身利益的先天动机，这有助于行业环境的优化。不过，企业之间的监督需要政府以法规的形式进行监督，否则容易引起行业秩序的混乱。此外，还应该建立企业能效信息公开平台，要求企业定期公开能源效率情况，使公众可随时查询到准确的能效信息，保证公众的知情权，使其更有效地参与能效监督。

5.2.2 加大违法惩治力度

我国能效标识制度的市场监督体系与其他产品没有太大区别，管理部门采取抽样调查的方式对市场上流通的产品进行检测，对不合格的产品会进行通报，勒令其退出交易市场；企业的自有检测实验室和第三方实验室伪造检测结果、出具虚假报告的，将在一年内丧失检测资质。但是，这种监管的有效性还不足，因为信息没有联网，不合格产品就有可能通过其他途径再次进入市场流通。《能源效率标识管理办法》中明确规定了罚则条款，对可能出现的能效标识未备案、伪造、冒用、隐匿、虚假宣传等情况，将按照相关法律条款进行处罚，主要包括《中华人民共和国产品质量法》第五十条、《中华人民共和国进出口商品检验法》第三十五条、《中华人民共和国节约能源法》第七十三条等。

健全我国能效标识制度相关的法律法规体系，不仅要不断完善与能效相关的法律法规，更要依法加大违法惩治力度。一方面，涉及惩治条例的法律法规不应只针对生产商，也应该分别对消费者、生产商、监管机构、能效标识评定机构、评定专家以及其他利益相关者做详细规定，以确保能效标识制度不只约束某一个个体或单位，而是对全社会都起到相应的作用。另一方面，结合目前我国大众节能意识薄弱和相关市场尚未成熟的现实情况，如果一次性设置过严的法律法规，很可能适得其反，造成社会公众的不满和主观上拒绝，因此，对生产商和广大消费者，应该考虑其实际接受情况，先从自愿型和鼓励型过渡，再根据实际情况慢慢加大政策的强制型和覆盖面，这样才更加符合我国国情。

5.3　中国能效标识制度体系的优化

5.3.1　优化现行能效标识总体组织框架，改进管理部门职责设定

中国能效标识制度的运行由国家发展和改革委员会、国家市场监督管理总局、国家认证认可监督管理委员会、中国标准化研究院以及国家标准化管理委员会共同承担，各司其职。国家发展和改革委员会和国家市场监督管理总局两部委是能效标识的主要管理机构，以部委令的方式发布了《能源效率标识管理办法》。国家市场监督管理总局的产品质量监督司还会对纳入《目录》的所有产品安排国家的监督检查和国家专项监督检查[①]；国家认证认可监督管理委员会同国家发展和改革委员会与市场监督管理总局共同组织制定了能效标识产品《目录》和不同产品的能效标识实施规则，负责能效标识管理制度的建立并组织实施。中国标准化研究院由国家发展和改革委员会授权，其下属的能效标识管理中心主要负责能效标识的运行和管理工作，能效标识网则提供能效标识的信息公开、检索以及咨询服务，是面向公众的主要信息平台[②]。国家标准化管理委员会是统一管理全国标准化工作的主管机构，具有提供能效标识信息咨询的功能。

值得注意的是，中国的能效标识产品《目录》仅包括传统的家电产品、工业设备、照明设备、商用及办公设备等，并没有涉及建筑能效和汽车能效的内

① 王若虹．国家实施能效标识四年以来所取得的成效总结及下阶段工作安排［J］．日用电器，2009（4）：25—27.

② http://www.energylabel.gov.cn/.

容。这两个重要产业的标识管理目前仍由所属行业主管部门负责，未纳入现行能效标识制度体系，这就带来了管理上的分散和标准上的混乱，不利于能效标识制度的发展。因此，借鉴国外经验并考虑我国具体情况，可以按照以下步骤优化管理部门的职责：

第一，将建筑和汽车节能标识的管理权限转移到中国标准化研究院，与其他产品一起进行统一化管理。

第二，按照能效目录产品的标准，结合原有所属部门颁布的标准和条例，对建筑和汽车能效标准进行重新设定。建筑行业的节能标识由住房和城乡建设部管理，相关条例有《绿色建筑评价标准》《绿色建筑评价标识管理办法》《民用建筑节能条例》等；汽车产业的节能标识由工业与信息化部管理，于2015年颁布了《关于调整轻型汽车燃料消耗量标识管理有关要求的通知》。应将这些条例进行重新修订和组合，纳入统一的能效标识管理体系中。

第三，由标准化研究院制定具体的实施策略和流程。对于建筑能效标识，由专门的测评机构考察新住宅建筑和商用建筑的能效水平，按照测试结果颁发能效标识，并镶嵌在建筑上；对于汽车能效标识，美国和加拿大采取的是油耗公示而非能效分级，但消费者很难从油耗值上看出该汽车与同类汽车相比是否更加节能，而分等级则能很好地解决这一问题。

第四，考虑到中国能效标识制度仍不够成熟，应该以强制性认证为主，将准入级别的强制性标准作为基本能效保障，尽可能扩大普及范围。同时，可以引入“领跑者”制度，把自愿性高标准作为引领行业先进水平的标杆，这样才能将发展迅速并具有很大节能减排潜力的建筑和汽车产业纳入能效标识制度中。

5.3.2 促进能效标识制度与碳排放交易制度的融合，优化能效标识制度的实施手段

能效标识制度与碳排放交易制度的发展是相辅相成、相互促进的关系。一方面，积极推行节能、排污权交易制度等市场化节能减排机制，建立健全碳排放交易体系，可以有力地促进我国能效标识制度的不断完善。例如，碳交易将更多的企业纳入碳减排市场，推动企业引进和运用环境友好技术，提高产品能效水平，进而有利于能效标识制度的推广和提升。另一方面，能效标识制度的发展也推动了碳交易市场，例如，通过实施能效“领跑者”制度，定期发布“领跑者”目录，以此推行能效标识制度的发展；而能效的提高减少了企业的

实际碳排放，在排放上限范围内可以剩余更多的碳配额，通过在碳交易市场出售以增加企业的额外收入，这将提高企业参与碳排放交易机制的积极性。从 2011 年起，国家发展和改革委员会批准了北京、上海等 7 个省市开展碳排放权交易试点，取得了显著的成果。我国于 2017 年年底启动全国碳排放交易体系，构建世界最大的国家级碳排放权交易市场。这将有助于我国企业参与节能量交易项目，使企业不仅能够切实掌握节能量指标核证与挂牌交易的流程，而且可以参与交易所的挂牌和交易仪式，进行新闻发布，树立企业在节能行业的品牌形象，从而使企业获得市场先机，提高企业自身的市场竞争力。

5.3.3　改进能效标准的制定与测评机制，优化运行机制

针对我国能效标准与能效等级的修订机制存在的不足，我国标准化研究院能效标识管理中心以及主管部门，应依据行业技术发展情况、消费者结构及其消费能力的变化，适时提高能效标准准入门槛，调整能效等级的要求，缩短与发达国家在能效标准上的差异，提高能效标识的科学性，增强能效标识的实施效率。

相较于其他国家，我国能效标识制度的运行模式较为独特，即“企业自我声明 + 能效信息备案 + 监督管理”，其中以“企业自我声明”为核心。这一模式的主要流程：企业利用自有的检测实验室或者第三方实验室自行检测，并依据国家相关标准确定标识信息；国家授权机构对企业的能效标识进行核实验证；政府实施主要监管职责，将违规产品信息输入共享平台，并有权对违法企业进行处罚。但是，这一模式存在诸多问题，比如，它的核心是“企业自我声明”，将制度的运行建立在道德而非制度之上，无法保证其有效性，所以市场上尤其是线上销售产品无能效标识的情况屡见不鲜。另外，有些企业粘贴虚假的能效信息，为了躲避监管而不在相关机构进行信息备案，从而造成了管理上的混乱。以政府为主导的监管模式难以应对全国范围内如此庞大规模的企业能效标识的有效管理。

基于此，需要针对以上问题优化能效标识制度的运行模式。例如，由国家认证认可监督管理委员会负责评定企业自有检测实验室，只有通过资质审核的实验室，才拥有能效测评的权力。产品通过企业自有实验室的测评之后，必须要到通过资质认证的第三方测评机构复审，之后才能备案，进入市场流通。这样的程序优化就可以解决虚假申报的问题。另外，实施强制性而非自愿性能效测评的制度，要求所有纳入《目录》的用能产品必须通过能效测评并备案，才

可以进入市场，这样可以有效减少市场上乱贴能效标识、能效标识信息与实际能效不相符的现象。值得注意的是，整个检测流程需要有法律法规上的明确规定，要求能效水平检测是强制性。面对中国这样一个巨大的市场，仅有政府监管是不够的，同业举报和消费者举报也可以发挥一定作用。相关部门可以制定举报奖励制度，对于发现并举报无能效标识或者虚假能效信息用能产品的同行业企业和消费者，给予一定的物质奖励。这样，政府监督就可以和市场监督、社会监督结合在一起，有效抑制弄虚作假的行为。

5.3.4 优化监管体系

实践证明，能效标识制度对推动节能技术具有积极作用，它也是大多数国家应对能源危机和气候变化的基石。但是取得这些成果必须建立在标识制度有效实施的前提下，如果不能够有效实施，不达标的能耗产品违法粘贴标识，或者篡改标识数据，由此引发的风险将使消费者对能效标识制度失去信心，从而降低信任度，并导致严重后果。信任度一旦破坏，想要重建就需要付出数倍的努力。如果企业的产品不达标但企业没有受到应有处罚，则会造成“劣币驱逐良币”的现象，达标企业将蒙受经济损失，进而抑制产业的良性发展，阻碍节能创新技术的投资，无法实现环保目标。从这个角度来说，对能效标识产品进行监督是很有必要的。[①]

能效标识产品的监督具有一套相应流程。根据《能源效率标识管理办法》的相关规定，国家和地方市场监督管理总局负责组织实施对能效标识使用的监督检查、专项检查和验证管理；发现有违反规定行为的，通报同级节能主管部门，并通知授权机构，授权机构应当撤销能效不合格产品生产者或者进口商的相关备案信息并及时公告；任何发现企业违反规定的单位和个人，都可以向地方节能主管部门、地方质检部门举报；国家发展和改革委员会、国家市场监督管理总局和国家认证认可监督管理委员会对违反规定的行为建立信用记录，并纳入全国统一的信用信息共享交互平台。

但是，这样一整套监管体系在具体实施过程中仍存在各种问题。现阶段，我国仍有能效标识制度监督机构不健全、市场和社会监管不足等多个问题，需要根据我国市场条件制定更为合理可行的监督机制。总体来看，我国监督检查

① 国际电器标准标识合作组织．能效标准与标识的监督、核查和处罚（MV&E）——最佳案例及工作指南［M］.北京：中国地质出版社，中国标准出版社，2014：10.

体系不完善、监督检查力度不足、社会监督体系缺位的现状直接影响了能效标识制度的权威性，致使实施效果不理想，需要从以下三个方面建立健全我国能效标识监督体系。

5.3.4.1　健全行政监管机制

制度实施的每一步都离不开完善的监管机制和监管机构，有效的监管机制和监管机构能进一步巩固政治管理的权威性。比如在德国，就有专门的德国能源署（Deutsche Energie-Agentur，DENA）作为监管机构实施节能证书的监管，并对证书的监管程序和惩罚机制做了非常具体的规定。因此，要完善我国能效标识制度的监管体系，必须首先完善我国行政监管机制，建立健全专门的行政监管机构。目前，我国能效标识由国家市场监督管理总局负责组织整体监督检查、专项检查和验证管理，地方质检部门则在所辖区域执行监督检查的职能。国家发展和改革委员会、国家市场监督管理总局与国家认证认可监督管理委员会对违反规定的行为建立信用记录，并纳入全国统一的信息平台，进行统一管理。考虑到我国能效标识制度处于初期阶段，为充分保证质量，应该逐步完善能效标识制度的监管机制。

5.3.4.2　建立市场监管机制

能效标识制度的有效实施，除了需要严格的行政监管机制外，也离不开市场监管机制的完善。市场具有内生的自我纠偏功能，有效地发挥这种作用可以为能效标识的健康运作创造良好的市场环境。例如，我国可以在国家市场监督管理总局下设立专业的市场监督小组，对市场上能耗产品的能效是否符合标准进行随机抽查。作为一种强制性标识，我国符合条件的家电产品必须粘贴能效标识。但是，每种类型的家电只有在申请审核能效标识时会进行能效检测，并不是所有产品都要进行能效检测，在这种情况下，可能会有不合格的家电产品出现在市场，甚至出现虚假标签的情况。这样需要发挥市场的监督作用，完善能效信息备案管理体系，根据我国市场发展情况，不断丰富能效标识管理手段。市场监督的最终目标是要实现保证市场上所有家用电器的能效水平与其能效标识相符，现在我国市场监督的能力与效果与这一目标还有一定距离。

为了建立良好的市场监管体制，让厂商之间相互检测，组成行业协会并接受其监督，是保证能效标识有效性的一条重要途径。例如，在 1997 年欧盟就组织了厂商之间相互监督的机制，该机制由欧洲家用设备制造商协会资助，允许就标签的有效性提出质疑。证实的方式往往是在实验室进行直接测试，如果不能达成一致，就转向独立实验室进行测试①。能效标识也催生了中国的能效监管，中国能源效率标识管理中心于 2006 年 7 月开始组建诚信标识和行业自律组织——“能效标识诚信联盟”。成立联盟的目的是标榜诚信企业，带动并监督落后企业。第一届成员的理事长单位是海尔集团，副理事长单位包括格力、美的、科隆以及新飞等集团②。作为行业内诚信、自律企业的代表机构，将会对能效标识的推广起到积极的促进作用。在这一背景下，2016 年“能效标识诚信检测机构联盟”应运而生，其宗旨是通过检测技术交流和实验验证的方式，在能效产品节能减排等方面提供技术服务，提升行业检测服务质量和权威性，推广节能产品和技术③。这种行业自发形成的非政府组织，更加贴近和了解生产企业，因此可以更有效地进行监管。

5.3.4.3 健全社会监管机制

我国能效标识制度监管体系的完善，除了需要建立独立健全的监管机构，也离不开公众的宣传与监督。《能源效率标识管理办法》第二十二条规定，“任何单位和个人对违反本办法规定的行为，可以向地方节能主管部门、地方质检部门举报。地方节能主管部门、地方质检部门应当及时调查处理，并为举报人保密，授权机构应当予以配合”。为了达成这一社会监督的目标，需要让更多相关公众参与到能效标识制度建设中来，这些相关公众包括：能耗产品的生产商、行业产业链相关者和广大消费者。因此，公众监督主要包括以生产商和行业产业链相关者为代表的市场监督、以消费者为代表的民众监督两个方面。

一方面，充分发挥以生产商和行业产业链相关者为代表的市场监督作用。由于市场存在信息不对称，所以在能效监管方面也给政府带来了不少难题，但行业内部各企业间的相互监督，能够较好地解决信息不对称对监督带来的困扰。如果企业愿意加入能效标识项目，并且愿意检测其竞争对手产品的能效，并把存在违法行为的企业报告给监管机构，则会起到较好的监督作用，从而解决信息不对称的问题。目前，这种模式在美国已经取得了很好的效果。与此同时，还应该加强发挥行业产业链相关者的监督作用。行业产业链相关者和生产商之间可以互相监督能耗产品的能效水平是否符合能效标准要求。在实施《能源效率标识管理办法》已经规定“任何单位和个人对违反本办法规定的行为，

---

① 朱晓勤．我国能效标识制度：反思与借鉴［J］．中国青年政治学院学报，2008（1）：97－102．

② 韩敏．“能效标识专家委员会”及“能效标识诚信企业联盟（筹）”正式成立［J］．电器，2006（9）：49．

③ 徐风．能效标识诚信检测机构联盟成立［N］．中国质量报，2016－06－03．

可以向地方节能管理部门、地方质检部门举报”的基础上，利用厂商之间的竞争关系，建立制造商相互检测的制度，允许任何制造商或供应商对其他供应商所粘贴的能效标识的准确性提出质疑，弥补自我声明模式导致的信息披露失真问题，是解决信息不对称的一个重要举措。

另一方面，充分发挥以消费者为代表的民众监督作用。在完善能效标识制度监管体系的过程中，消费者的反馈监督作用至关重要，能效标识制度能否顺利实施，归根结底还是在于广大消费者。如果政府、生产商的宣传推广能够得到消费者的监督与反馈，就能促使能效标识制度更顺利地实施和推广。因此，政府可以在公开平台设置消费者投诉或建议版块，向消费者提供主动反馈能效标识信息的途径。例如，美国的能效标识项目，一般会将所有认证数据组建为一个庞大的数据库，该数据库是对公众公开的，任何人都可以在网上查询。在抽查前，数据库的数据会被锁定，这期间认证单位不能随意更改。如果抽查发现有产品的数据高报，将被列入被调整名录，还会被列入低质量产品名录，并在网站上公布，这将使被调整者的信誉受损，而且如果以后需要认证或提出挑战检验时，该认证单位可能被要求预付费用。参照这一经验，可以利用国家发展和改革委员会、国家市场监督管理总局与国家认证认可监督管理委员会所建立的信息共享平台，收集企业产品的能效信息，执行不定期抽查制度，并将结果向公众开放，从而充分发挥社会监督的作用。

另外，我国能效标识制度的有效实施也离不开非政府组织（Non-Governmental Organizations，NGO）的参与。按照联合国新闻部的定义，NGO 是指在地方、国家或国际级别上组织起来的非营利性的自愿公民组织。它们依靠自身的专业知识，向政府反映社会公众关心的问题，鼓励社会公众参与经济社会管理。常见的 NGO 包括环境保护组织、人权团体、照顾弱势群体的社会福利团体、学术团体等。

环保 NGO 是指从事以保护自然环境和生态为核心的非政府组织。现阶段，各国环境保护机构，除了由政府环保局以及环保相关政府部门（如林业局等）形成的政府管理机构外，环保 NGO 在环境保护中也发挥着极其重要的作用。2013 年，自然之友、天津绿领、公众环境研究中心等三家环保 NGO 提请三地环境主管部门，通过政府网站向社会公布目标企业的监督性监测结果，明确要求已开展实时监控的重点污染企业尽快通过网络平台向社会实时公布监测结果；不能公开的企业，应予以处罚并由环保部门代为公开，在此基础上，尽快建立统一网络平台，向社会实时公布被监控重点污染企业的在线监测结果[①]。中国42家环保组织也在德班气候大会上宣布C+计划，正式启动了全球应对气候变化的X+计划的民间行动[②]。

但是，中国环保NGO依然面临着许多问题，如资金缺乏。中华环保联合会2008年的一次普查结果显示，截至当年10月，全国3539家环保组织（含港澳台地区以及国际组织驻华分支机构）中，29%的机构没有专职人员，45%的机构没有自己的办公场所，74%的机构没有固定经济来源。这就需要社会其他组织的资助，比如由企业家群体联合成立的阿拉善SEE基金会，从2008年到2013年年底直接投入资金4857.4万元，资助超过300个公益环保项目，覆盖了全国400多家民间组织[③]。在我国现有的环保管理体制下，我国更应该全力发挥环保NGO的作用，切实推行我国能效标识制度的建立和完善。

5.4 中国能效标识制度实施策略的优化

5.4.1 实施重点领域的选择与推广

世界各国能效标识产品的目录大都主要集中在家电、汽车和建筑等高耗能行业。以实施较早、发展较为成熟的美国“能源之星”项目为例，在每年生产的五千万个“能源之星”产品中，基本集中在办公设备、家用电器、家用加热和制冷设备、大型商业建筑物及居住用房、工业及商业用产品等方面。2006年8月6日国务院下发的《国务院关于加强节能工作的决定》就已经提出，要“加快实施强制性能效标识制度，扩大能效标识在家用电器、电动机、汽车和建筑上的应用”。相对于工业设备等领域，家电产品和办公用品更贴近于社会大众，因此往往是先推广能效标识制度的产品种类。在能效标识制度实施十多年后的今天，应该逐步将汽车与建筑产业的统一能效标识管理作为工作重点。

自2005年3月1日起我国对家用电冰箱、房间空气调节器率先实施能效

① 中国低碳网．环保组织申请公开169家废气监控企业监测数据［EB/OL］．［2013-04-12］. http://www.ditan360.com/GongYi/Info-127441.html.

② 中国低碳网．中国NGO在德班会议启动C+计划［EB/OL］．［2011-12-06］. http://www.ditan360.com/GongYi/Info-96512.html.

③ 财经．环保NGO生存寒冬［EB/OL］．［2014-02-24］. http://news.hexun.com/2014-02-24/162433431.html.

标识制度以来，能效标识产品种类不断增加。能效标识制度的推进是一个渐进的过程，优先选择的目标主要是家用电器、办公用品、建筑和汽车等，工业设备（如 2015 年纳入的冷水机组）等也逐步被纳入能效标识产品名录中①。加之这些优先被选入的产品在市场中经历过一定考验，因此，这里主要以家用电器与设备、建筑、汽车等产品作为样本进行研究。另外，我国幅员辽阔，地区差异很大，尤其是建筑类产品更加显著。因此，在制定和执行建筑能效标识制度时，应当考虑不同地区的不同情况，比如，可以考虑将达到基本能效标准要求作为强制性粘贴能效标识的条件，在商用建筑中广泛推广；而对农户自用的自建住房，则不必强行规定粘贴能效标识。同时，对发达地区，倡导自愿性能效标准。由于较高能效等级的产品技术含量更高，价格也更高，可以考虑先在发达地区推行，也可以在建筑能效标识中引入“领跑者”制度，引导市场消费行为向高能效建筑倾斜。总之，建筑能效标识可以考虑先实行差异化管理，再根据具体情况逐步推广到全国。

5.4.2　相关政策支持

5.4.2.1　节能补贴政策支持

我国能效标识制度的完善在能效法律法规不断建立健全的基础上，还亟须政府相关政策的支持，特别是经济政策的支持。出于节能环保的目的，政府会在一定时期内以价格补贴、财政贴息或税收支出等方式对生产者或消费者进行无偿补助和费用补贴。从经济学理论上来说，节能补贴可以影响产品的供给和需求曲线，激发生产者对节能环保技术的投入以及消费者对于能效产品的需求，最终达到节能环保的目的。以补贴家用电器为例，截至 2011 年年底，通过以旧换新政策直接拉动消费 3420 多亿元，其中补贴额约 340 亿元，相当于一元补贴拉动十元节能产品的需求②。汽车节能补贴从 2010 年 6 月 30 日开始实施，有约四分之一的车型可以进入补贴目录，因此，它在很大程度上促进了汽车消费。但是，对环保科技的研发和扩散考虑不够，例如，只要是小排量汽车就可以享受补贴，汽车节能补贴条件也比较宽松。随着标准的不断提高，未

① 王文革，汪文鹏，董向农．论完善中国能效标识制度的对策［J］．环境科学与技术，2009，32（6）：181－184.

② 武鹏隆．节能家电再“开补”［J］.卓越理财，2012（7）：39－41.

来估计入围车型比例将降低至 3%～5%，这样才可以推动节能车型的开发[①]。另外，还可以将汽车节能标识纳入能效标识体系，对汽车能效进行分级，对高能效汽车进行补贴甚至纳入“领跑者”计划，从而使低能效汽车快速退出市场，加快市场分流。

5.4.2.2 财政税收政策支持

政府除实施节能资金拨款制度外，更应该不断研究和完善与节能相关的财政税收政策，并适时推出阶梯性电价、税收返还、节能量交易等节能优惠政策，支持企业实现节能减排技术创新，促进我国能效标识制度的不断完善。从国际经验来看，支持企业技术创新和完善能效标识制度的财政税收政策主要有三种：税收激励政策、财政支出政策和相关配套政策。

在税收激励政策方面，政府部门应该给予减税政策，事前扶持与事后扶持相互协调，加强税基式减免，引入风险投资方式。政府部门要支持建立多种多样的风险投资公司，并且与税收制度相结合，以降低企业风险，增强企业的自主创新能力，这有利于企业的平稳发展。

在财政支出政策方面，政府部门应该加大对技术创新的支持力度，促进我国能效标准的不断完善和改进。要利用政府采购扶持企业技术进步，加大对贴有能效标识节能产品的政府采购力度；要利用财政投入和补贴扶持企业技术进步，借鉴国际经验，将政府对技术创新的支持定位于产业研究前的科学研究与试验发展（R&D）领域，促进能效标准和能效产品产量的进一步提高，推动我国能效标准和能效产品与国际接轨。

在相关配套政策方面，加快推进财政体制、转移支付制度、预算管理制度、税收体制等相关制度改革，为技术创新提供良好的财政政策环境，促进我国能效标识制度相关内容的进一步完善；鼓励合作性创新制度，促进我国能效标准的不断完善；鼓励企业、大学科研所和政府进行合作，扩充技术创新资金投入渠道，分解技术创新风险，促进技术创新和能效标准的不断完善。

5.4.2.3 政府采购政策支持

政府优先采购的节能产品是指列入财政部和国家发展和改革委员会制定的“节能产品政府采购清单”与财政部和生态环境部制定的“环境标志产品政府

---

① 中国节能网．汽车节能补贴新政　推动技术进步［EB/OL］．［2016－07－20］. http://news.ces.cn/qiche/qichezhengce/20160720/120575_1.shtml.

采购清单”的产品。“节能产品政府采购清单”将产品分为优先采购产品和强制采购产品，每半年更新一次清单；未列入清单的产品则不属于政府强制和优先采购的节能产品范围。“环境标志产品政府采购清单”所列产品则为政府优先采购产品，不是强制采购产品，与“节能产品政府采购清单”的产品没有重叠。目前最新清单是2018年8月10日公布的第二十四期节能产品政府采购清单[①]。政府可以通过强制和优先采购高能效产品来引导市场分流，促进能效产品的推广和能效标识制度的执行。以美国“能源之星”为例，其最大特点就是政府部门积极引导并带头使用“能源之星”产品，将获得“能源之星”的产品列入政府采购计划中[②]。据美国相关机构统计，政府每投入1美元在“能源之星”产品上，就会带动生产商投入15美元，为消费者带来75美元的收益[③]。

5.4.2.4 文教宣传政策支持

由于文教宣传工作有限，我国公民节能意识比较薄弱，节能环保的认识不足。要使能效标识制度在我国广泛开展，离不开对公众进行节能理念的推广，离不开公众对节能理念和能效标识制度的认识和支持，更离不开政府在文教宣传方面的政策支持。

一方面，要加大政府对能效标识制度的文教宣传力度，加强政府对推广节能理念的引导作用。政府在能效标识制度的宣传中扮演着关键角色，政府作为权威宣传平台，可以通过各种形式引导节能理念和能效标识制度的宣传推广。借鉴欧盟能效标识制度的分层（欧盟和成员国）推广经验，我国也可以将制度划分为国家和地区两个层次。其中，国家相关部门负责能效标识制度的总体宣传推广，各地区再根据经济情况与地形差异，因地制宜地开展宣传推广工作，最后再由国家相关部门汇总分析各地信息，最终实现各地区信息共享和相互学习。另外，宣传推广方式也是能效标识制度普及成功与否的重要环节。可以利用电视媒体或网络媒体、社区教室和学校课堂，尽可能多地向公众传递节能理念和节能政策，宣传能效标识制度的内容和好处。例如，可以利用每年“节能宣传周”对能效标识制度进行宣传，并开展培训会或者交流体验活动等。对于使用能效标识的新产品，企业可以开展宣传和推广活动，让消费者学会使用能

---

① 财政部. 国家发展改革委关于调整公布第二十四期节能产品政府采购清单的通知 [EB/OL]. [2018-08-16]. http://www.ccgp.gov.cn/zcfg/mof/201808/t20180816_10491856.htm.

② 程建宏，李爱仙. 美国能效标准与标识及其影响 [J]. 中国质量技术监督，2003（5）：58-59.

③ 王文革，汪文鹏，董向农. 论完善中国能效标识制度的对策 [J]. 环境科学与技术，2009，32（6）：181-184.

效标识来选购商品。

另一方面，要加大对生产商和销售商关于能效标识制度的文教宣传力度。要求生产商按照能效标准生产能效产品，并让销售商承担检查产品是否粘贴能效标识的责任。在节能理念的宣传中，生产商是不可忽略的一环，如果生产商自愿在其能效产品宣传中加入节能理念和能效标识信息，这必然有利于节能理念的传播和能效标识制度的宣传。同时，考虑到能效标识制度的实施会增加生产商的开发成本，从而可能降低开发商进行节能理念传播和能效标识制度宣传的积极性。应将传播节能理念和推广能效标识制度作为生产商的义务。对于销售商，禁止其销售没有能效标识的产品，并将检查产品是否粘贴能效标识作为其应该承担的责任。

第6章　中国家用电器与设备能效标识制度的优化

随着收入水平、生活品质的不断提高，人们对家用电器的需求量快速增加，能源消耗量也变得庞大起来。根据专业机构统计，发达国家家用电器用电量已经占总用电量的15%，虽然每天家用电器的能耗不算太大，但日积月累，这种能源的消耗不可小觑。

在我国，家用电器能源消耗问题十分严重。一方面，我国家用电器的保有量明显多于其他国家，这是我国人口因素所决定的；另一方面，能源浪费情况普遍存在。近年来，全球气候问题愈发严峻，人们对空调的依赖性大幅提升，而空调、照明灯具和冰箱被普遍认为是能源消耗的主要家用电器。一个普通中国居民的家庭用电中，家用电器用电量占总用电量的90%，而我国居民家庭用电量占总发电量的9%左右。从家电产品自身节能效果来看，我国产品也和发达国家产品有一定差距，很多种类的家电产品能耗水平都要比国际水平略低。另外，为了方便人们使用，家电产品设计的待机功能也会造成能源的大量浪费，我国家庭用电量中大概有10%浪费在家电产品的待机功能上。[①] 所以，完善家电能效标识制度有助于有效管理家用电器能耗问题，也与我国节能减排政策息息相关，值得重点关注。

6.1　中国现行家用电器与设备能效标识制度分析

我国能效标识制度处于发展阶段，从1998年1月1日发布《中华人民共和国节约能源法》并提出能效标准至今，已有二十多年的时间，现在才基本建立起一个相对完整的能效标识制度。我国能效标准的制定工作最先是由国家节

① 人民网能源频道．http://energy.people.com.cn.

能和标准化管理部门在1998年开展的。2004年《能源效率标识管理办法》的发布，标志着我国能效标识制度正式实施。之后，国家发展和改革委员会、国家市场监督管理总局和国家认证认可监督管理委员会在2004年11月份开始发布《中华人民共和国实行能源效率标识的产品目录（第一批）》（以下简称《目录》），具体说明不同种类的家用电器能效标识适用范围，这批《目录》仅包含了房间空气调节器和家用电冰箱两类，并于2005年3月1日正式实施。经过多年的发展，家电能效标识制度已基本形成。目前为止，我国制定的能效标准共64项，涵盖6大类产品，主要涉及房间空气调节器、自动电饭锅、家用电冰箱、电动洗衣机、平板电视等较大型的家用电器及设备。相对而言，能效标识在大型家电中的应用比较成熟，应用的规范性也较强，这为我国节能事业做出了很大的贡献，值得推广应用到其他种类的产品中去。

6.1.1 现行家用电器与设备能效标识制度实施效果分析

6.1.1.1 家用电器能效标识制度适用范围的实施情况

目前我国家用电器开始实施能效标识制度的主要有洗衣机、热水器和小家电产品等，具体包含家用电冰箱、电动洗衣机、燃气热水器、电热水器、太阳能热水器、吸油烟机、家用灶具、家用电磁灶、自动电饭锅、交流电风扇和微波炉等①。

据中国标准化研究院统计，截至2014年年底，我国已备案的企业大约4600家，备案型号大约15万个。如图6－1所示，备案型号最多的产品是电热水器，备案企业数量最多的产品是太阳能热水器；家用电器所有备案型号能效1级至5级的比例分别为37.13％、38.04％、21.84％、2.23％、0.76％。在家用电器类产品市场中，能效标识制度实施顺利，使得大多数产品都属于低耗节能型，约占75％②。

---

① 产品目录查询［EB/OL］. http://www.energylabel.gov.cn/nxbs/display.htm? contentId＝89ad1b22d4be441e994de9a5fef9cb63.

② 夏玉娟，田间伟，吴能旺．能效标识深入实施推动行业快速发展［J］．制冷与空调，2016，16（1）：72－75.

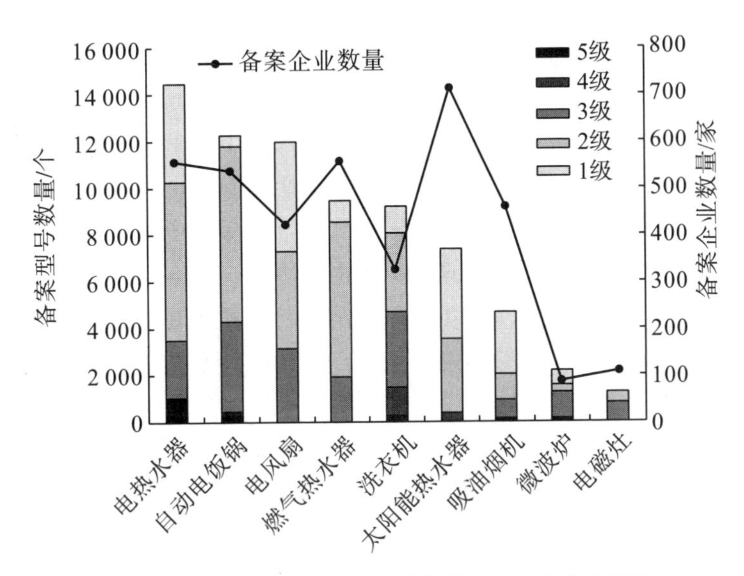

图 6－1　2014 年家用电器领域能效标识制度实施情况

（资料来源：中国标准化研究院）

由于消费者的日常生活离不开家用电器，所以家用电器能效标识制度得到了较高的社会关注度，加之国家相关政策的影响，家用电器能效标识制度得到了有效实施和推广。从图 6－2 可知，从 2007 年到 2014 年家用电器产品备案型号数量增加，备案企业数量也逐渐增加，并且行业较集中，从整体来看，能效标识制度实施情况较平稳。

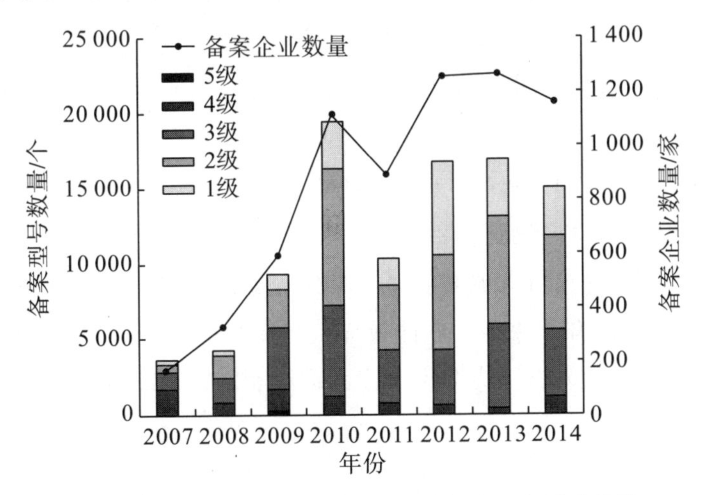

图 6－2　2007—2014 年家用电器领域能效标识制度实施情况

（资料来源：中国标准化研究院）

6.1.1.2 办公及工业设备能效标识范围的实施情况

自2009年起，电子办公产品[①]开始实行能效标识制度，其能效被划分为3个等级。截至2014年，我国在案的电子办公产品生产企业大约550家，在案的产品型号大概有15万个。如图6-3所示，2014年电子办公领域备案型号数量最多的产品是微型计算机，该产品约占电子办公产品备案型号总数的80%。由于电子办公产品主要包括消费类电子产品，行业技术和市场更新非常快，所以行业集中度非常高，每类商品主要生产企业备案型号占备案型号总数的90%[②]。

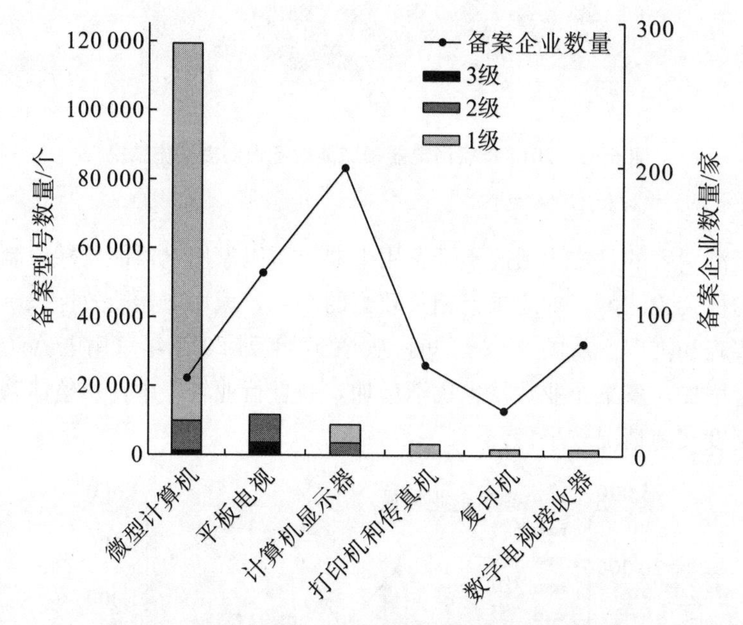

图6-3 2014年电子办公领域能效标识制度实施情况

（资料来源：中国标准化研究院）

从2009年到2014年的数据来看，办公领域电子产品实施能效标识的发展很快，尤其是2010年以来，实施能效标识制度的企业数量大幅增加，5年内从200家增长到近500家，办公电子产品运用能效标识的数量在2013年同比

① 电子办公产品包括平板电视、数字电视接收器、计算机显示器、微型计算机、复印机、打印机和传真机.

② 夏玉娟，田间伟，吴能旺．能效标识深入实施推动行业快速发展［J］．制冷与空调，2016，16(1)：72-75.

增幅高达 500%。到 2014 年，能效 1 级型号占比和能效 2 级型号占比分别约 84%、13%，[①] 具体情况如图 6—4 所示。

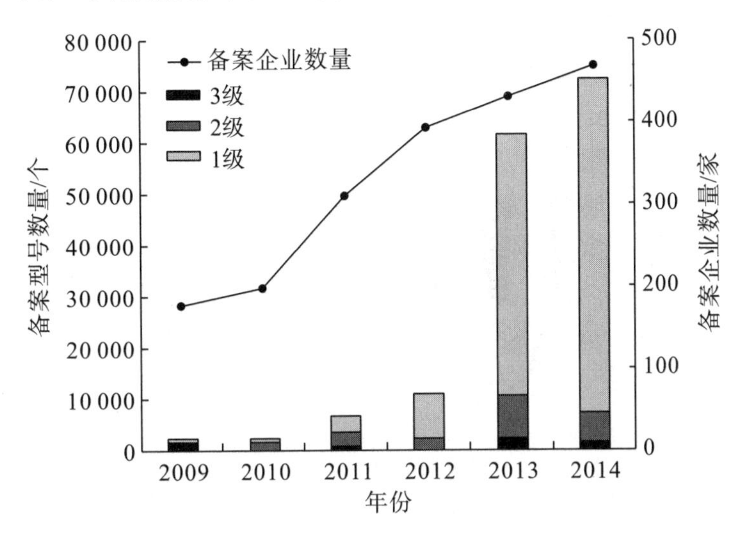

图 6—4　2009—2014 年电子办公领域能效标识制度实施情况

（资料来源：中国标准化研究院）

工业和照明领域实行能效标识制度的产品共有 7 类，包括 5 类工业产品，即中小型三相异步电动机、交流接触器、容积式空气压缩机、电力变压器、通风机，以及 2 类照明产品——自镇流荧光灯和高压钠灯。工业产品和照明产品的能效划分为 3 个等级[②]。如图 6—5 所示，截至 2014 年，备案的企业大概有 2600 个，备案的型号大概有 14.8 万个，其中备案型号和企业数量最多的产品是电动机，该产品约占工业和照明领域备案总量的 80%，虽然行业规模大，但产品集中度不高[③]。

---

① 夏玉娟；田间伟；吴能旺．能效标识深入实施推动行业快速发展［J］．制冷与空调，2016，16（1）：72—75

② 夏玉娟，田间伟，吴能旺．能效标识深入实施推动行业快速发展［J］．制冷与空调，2016，16（1）：72—75.

③ 夏玉娟，田间伟，吴能旺．能效标识深入实施推动行业快速发展［J］．制冷与空调，2016，16（1）：72—75.

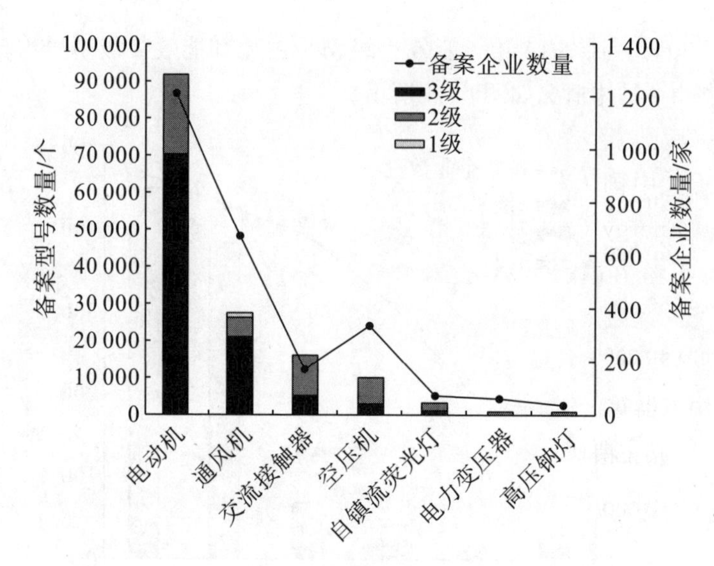

图 6-5　2014 年工业和照明领域能效标识制度实施情况

（资料来源：中国标准化研究院）

从图 6-6 来看，工业和照明领域产品从 2008 年到 2014 年呈稳定增长态势，但工业和照明领域的能效标识制度实施覆盖率较低，行业整体能效水平较低，到 2014 年，能效 3 级型号占比约 68%，能效 2 级型号占比约 30%，能效 1 级型号占比约 2%①。由此可见各级能效的扩展空间较大。

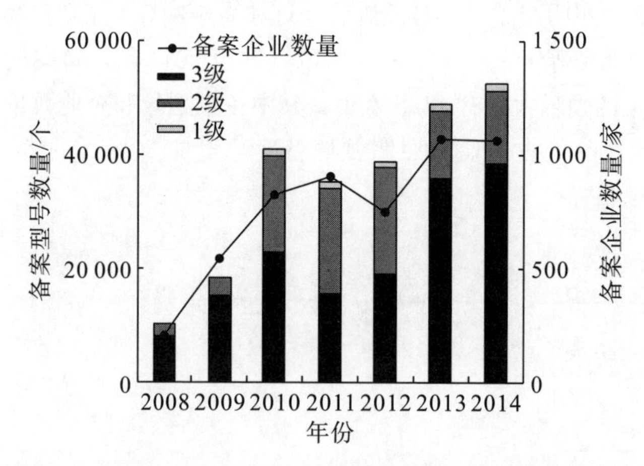

图 6-6　2008—2014 年工业和照明领域能效标识制度实施情况

（资料来源：中国标准化研究院）

① 夏玉娟，田间伟，吴能旺．能效标识深入实施推动行业快速发展［J］．制冷与空调，2016，16(1)：72-75.

6.1.1.3　家用电器与设备能效标识制度总体实施情况

目前，我国家用电器及设备的能效标识制度的实施在有条不紊地进行，其效果较理想。中国人民大学经济学院的中国家庭能源消费调查组（China Residential Energy Consumption Survey）于 2016 年在包括北京、上海、重庆、四川、广东在内的全国 27 个省市，对不同学历、不同收入以及不同性别组成比例的家庭的家用电器与设备的能效标识制度实施情况进行了调研，主要包括六个部分：家庭特征、住宅特征、供暖与制冷、居民交通以及燃料使用、厨房和家用电器等。该项调查覆盖全国 26 个省市，受访家庭 1640 户，有效样本 1450 户。其主要研究变量的设定和解释见表 6－1。

表 6－1　研究变量的设定和解释

变量名称	变量定义	标准差	均值
家电产品的能效标识情况			
电冰箱（Fridge）	1（没有标识）；2（五级能效）；3（四级能效）；4（三级能效）；5（二级能效）；6（一级能效）	2.2322	3.8584
洗衣机（Washer）		2.1733	2.9937
电视机（TV）		1.9090	2.0559
计算机（Laptop）		1.6340	1.7060
热水器（Heater）		2.1079	2.5502
空调（Air-conditioner）		2.1447	3.4763
个人特质变量			
性别（Gender）	0（女性）；1（男性）	0.4391	0.7394
年龄（Age）	1（30 岁及以下）；2（31～45 岁）；3（46～60 岁）；4（61 岁及以上）	0.8292	2.5344
家庭收入（Income）	1（5 万及以下）；2（5 万～15 万）；3（15 万～30 万）；4（30 万以上）	0.7731	1.7921
工作（Job）	1（没有工作）；2（兼职工作）；3（全职工作）	0.8013	2.5653
学历（Education）	1（大专以下）；2（大专）；3（本科）；4（硕士及以上）	0.9272	1.7100

资料来源：由中国人民大学经济学院的中国家庭能源消费调查组调研所得。

根据调研结果的数据分析可得出以下结论：

第一，从家用电器类别的选择来看。中国人民大学经济学院的中国家庭能源消费调查组在统计时采用李克特六级量表，分别对电冰箱、洗衣机、电视机、计算机、热水器、空调的消费者能效等级选择偏好进行调研统计，将能效等级分别设置为 1（没有标识）、2（五级能效）、3（四级能效）、4（三级能效）、5（二级能效）、6（一级能效）六个等级，数字越大，能效标准越高。据统计，消费者对电冰箱能效等级偏好均值最高，达到 3.8584；消费者选择能效等级偏好均值最低的为计算机，为 1.7060，消费者对其他家用电器与设备的偏好均值见图 6−7。统计说明了居民在选择耗能较高的家用电器与设备时，如电冰箱、空调和洗衣机，比较注重高能效；对于能耗相对较低的电视机、热水器和计算机，能效等级要求不高。

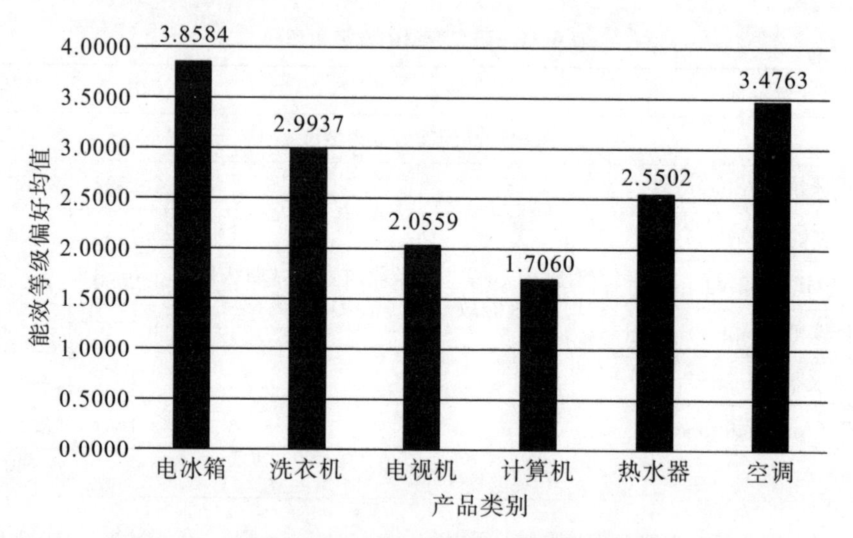

图 6−7　消费者对各类家用电器与设备能效等级的偏好均值

（资料来源：根据中国人民大学经济学院的中国家庭能源消费调查组调研数据汇总）

第二，从消费者年龄来看。中国人民大学经济学院的中国家庭能源消费调查组在统计时将年龄划分为 1（30 岁及以下）、2（31～45 岁）、3（46～60 岁）、4（61 岁及以上）四个等级。从图 6−8 可以看出，30 岁及以下的消费者对家用电器与设备能效标识等级偏好均值为 3.1287，31～45 岁的消费者对家用电器与设备能效标识等级偏好均值为 2.8058，46～60 岁的消费者对家用电器与设备能效标识等级偏好均值为 2.7153，61 岁及以上的消费者对家用电器与设备能效标识等级偏好均值为 2.7106。由此可知，消费者对家用电器与设备能效等级的偏好随着年龄的增长而降低。

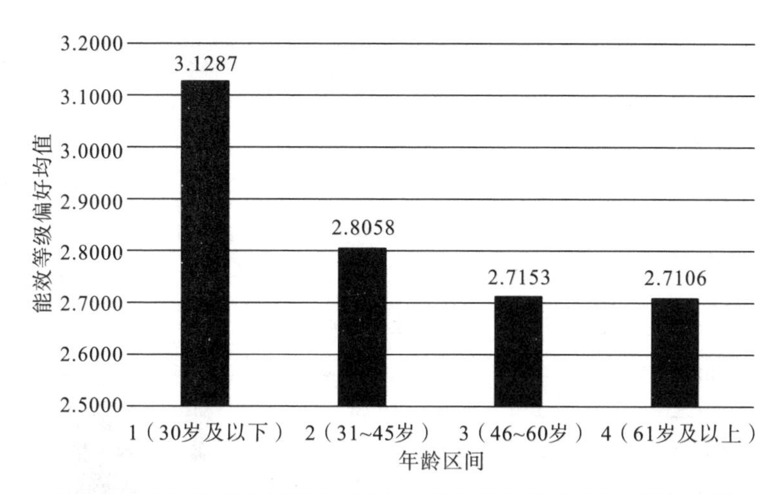

图 6-8　不同年龄段消费者对家用电器与设备的能效等级偏好均值

（资料来源：根据中国人民大学经济学院的中国家庭能源消费调查组调研数据汇总）

第三，从消费者的家庭收入水平来看。中国人民大学经济学院的中国家庭能源消费调查组在统计时将收入水平划分为 1（5 万及以下）、2（5 万～15 万）、3（15 万～30 万）、4（30 万以上）四个等级。从图 6-9 可以看出，收入 5 万及以下的消费者对家用电器与设备能效等级的偏好均值为 2.5298，收入 5 万～15 万的消费者对家用电器与设备能效等级的偏好均值为 2.6405，收入 15 万～30 万的消费者对家用电器与设备能效等级的偏好均值为 2.6959，收入 30 万以上的消费者对家用电器与设备能效等级的偏好均值为 2.7360。随着收入的增加，消费者对家用电器与设备的能效标识等级的要求逐渐提高，但总体差别不大。

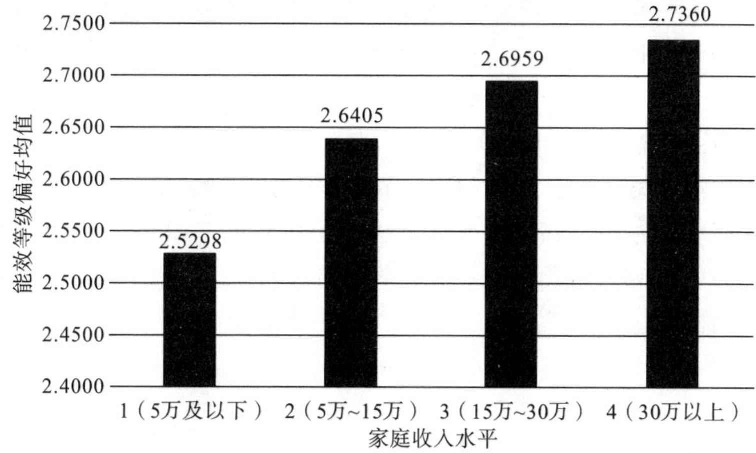

图 6-9　不同家庭收入水平消费者对家用电器与设备的能效等级偏好均值

（资料来源：根据中国人民大学经济学院的中国家庭能源消费调查组调研数据汇总）

第四，从消费者的工作类别来看。中国人民大学经济学院的中国家庭能源消费调查组在统计时将消费者工作类别划分为 1（没有工作）、2（兼职工作）、3（全职工作）三个等级。从图 6－10 可以看出，没有工作的消费者对家用电器与设备能效等级偏好均值为 2.6819，兼职工作的消费者对家用电器与设备能效等级偏好均值为 2.6953，全职工作的消费者对家用电器与设备能效等级偏好均值为 2.7102。由此可见，虽然差距不大，但全职工作的消费者对能效等级的要求较没有工作和兼职工作的消费者高。

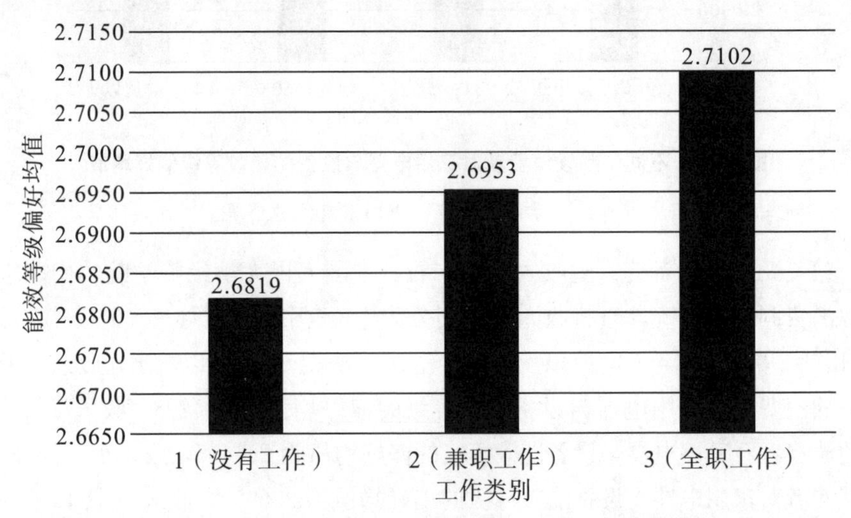

图 6－10　不同工作类别的消费者对家用电器与设备的能效等级偏好均值

（资料来源：根据中国人民大学经济学院的中国家庭能源消费调查组调研数据汇总）

第五，从消费者的学历来看。中国人民大学经济学院的中国家庭能源消费调查组在统计时将消费者学历高低划分为 1（大专以下）、2（大专）、3（本科）、4（硕士及以上）四个等级。从图 6－11 可以看出，大专以下的消费者对家用电器与设备能效等级偏好均值为 2.6184，大专学历的消费者对家用电器与设备能效等级偏好均值为 2.6450，本科学历的消费者对家用电器与设备能效等级偏好均值为 2.7046，硕士及以上的消费者对家用电器与设备能效等级偏好均值为 2.7096。由此可见，随着学历的升高，消费者对家用电器与设备能效等级的偏好逐渐提高。

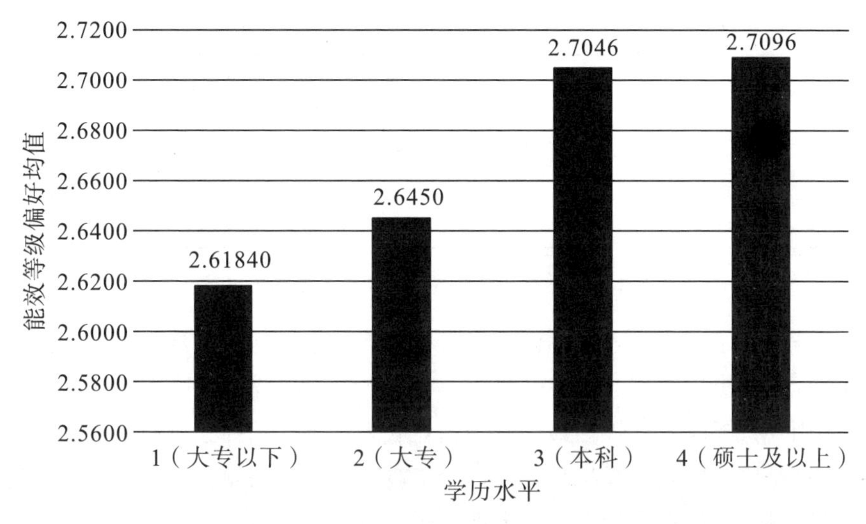

图 6-11　不同学历的消费者对家用电器与设备的能效等级偏好

（资料来源：根据中国人民大学经济学院的中国家庭能源消费调查组调研数据汇总）

此外，基于李克特六级量表有序的能效分类，课题组选用多元有序 Logit 模型分析了家用电器能效标识等级的影响因素。其结果见表 6-2。

表 6-2　家用电器能效标识等级的影响因素实证分析

变量	家用电器					
	电冰箱 (Fridge)	洗衣机 (Washer)	电视机 (TV)	计算机 (Laptop)	热水器 (Heater)	空调 (Air-conditioner)
家庭收入（税后）(Income)	0.0017 (0.073)	0.3434*** (0.076)	0.4213*** (0.086)	0.2383** (0.119)	0.1995** (0.085)	0.0428 (0.081)
性别 (Gender)	−0.0159 (0.124)	0.0313 (0.128)	0.0236 (0.151)	0.4238* (0.216)	0.0056 (0.143)	0.0273 (0.147)
年龄 (Age)	−0.0176 (0.071)	−0.2286*** (0.073)	−0.1921** (0.084)	−0.2812*** (0.121)	−0.1384* (0.083)	−0.1362* (0.082)
工作 (Job)	0.0690 (0.075)	−0.0134 (0.077)	−0.1771** (0.088)	−0.1993 (0.131)	−0.1868** (0.087)	0.0973 (0.088)
学历 (Education)	−0.0661 (0.062)	0.0040 (0.063)	0.1688** (0.073)	−0.0574 (0.097)	0.0853 (0.071)	−0.0479 (0.070)
Observations	1207	1229	1335	949	1054	856
Log likelihood	−1490.8783	−1448.2996	−1038.3986	−564.8353	−1081.4087	−1124.8464

续表6-2

变量	家用电器					
	电冰箱 (Fridge)	洗衣机 (Washer)	电视机 (TV)	计算机 (Laptop)	热水器 (Heater)	空调 (Air-conditioner)
Pseudo R2	0.0006	0.0134	0.0238	0.0102	0.0068	0.0026

注：***，**，*分别表示在1%，5%和10%的水平上显著相关。

实证检验了家庭收入、性别、年龄、工作和学历几个因素对消费者选择贴有能效标识的家用电器与设备的影响。实证检验结果表明，家庭收入（税后）是影响用户选择能效等级的最主要因素：收入越高，选择家电产品的能效等级越高。这是因为能效等级越高，往往价格越高，高收入家庭有条件选择高能效等级的产品。在被选取的六种家电产品中，洗衣机、电视机、计算机和热水器受家庭收入的影响较为明显，电冰箱和空调则基本不受影响。此外，男性对计算机的能效等级的需求相较于女性更为显著；越年轻的消费者，对于能效等级的要求也越高。工作和学历对于消费者选择能效等级的影响并不显著。

6.1.2 提升现行家用电器与设备能效标识制度运行效果需要解决的问题

虽然目前我国家用电器与设备能将标识制度得到了消费者的认可，但我国家用电器与设备能效标识制度在执行过程中仍然存在一些问题，亟待解决与优化，其出现的问题及优化方向主要体现在以下几个方面：

首先，现行家用电器与设备能效标识制度覆盖面较窄，涉及的家用电器有限。目前《目录》中实施能效标识制度的家用电器与设备的类别和品种范围仍然偏窄，虽然已涉及电冰箱、空调、电视机、洗衣机等常用家用电器，但近年来，随着人们生活水平的提高以及对环境污染的重视，新型家用电器，比如吸尘器、挂烫机、净水器、空气净化器等已逐渐走进人们生活，成为必备家用电器，但未能进入《目录》。

其次，现行家用电器与设备的能效管理体系中，能效等级指示度不够清晰，部分能效标准偏低。比如，储水式电热水器和多联式空调分别按照2008年公布的《储水式电热水器能将限定值及能源效率等级》《多联式空调（热泵）机组能效限定值及能源效率等级》执行，单元式空气调节机按照2004年的《单元式空气调节机能效限定值及能效等级》执行。十几年来，部分能效标准并未随着技术的提升而不断更新。

再次，现行家用电器与设备能效标识制度的实施中存在不少违规、违法现象，部分家电企业未依法进行能效标识备案，生产、销售无能效标识产品，部分产品展示信息与备案信息不一致，粘贴的能效标识中有关能效标准与等级存在“虚标”的情况较为突出。2016 年 11 月 4 日，上海市质量技术监督局发布了家用电冰箱抽查报告，报告指出，在对上海市生产、销售以及电商平台销售的 30 个批次家用电冰箱的抽查中，经检验不合格的多达 7 个批次；在这 7 个批次中，均出现了所标能源效率等级未达能效限定值的情况[①]。

最后，家用电器与设备能效标识制度的实施仍然有很大的提升空间。目前，消费者对家用电器与设备节能方面的认识还很有限，大多数消费者对能效标识制度认识不足，缺乏节能环保意识，并且我国各家电企业在推动企业节能创新发展方面的作用仍显不足。

6.2　优化中国家用电器与设备能效标识制度的路径

我国能效标识制度还处于发展阶段，从 1998 年 1 月 1 日发布《中华人民共和国节约能源法》并提出能效标准至今，已有二十多年的历史，到现在才基本建立起一个相对完整的能效标识制度。但是，家用电器与设备种类繁多，能效标识制度覆盖率仍然不高。对能效标识制度的研究有利于我国高能效产品的发展，是可持续发展的具体实践，对我国社会和经济发展都有重要的作用，因此，要不断优化我国家用电器与设备能效标识制度，探索节能的最佳途径。

6.2.1　扩展现行家用电器与设备能效标识制度的覆盖范围

6.2.1.1　家用电器能效标识制度覆盖范围的扩展

首先，是家用电器能效标识制度覆盖范围在同类型家电产品中的扩展。随着社会的不断发展，各种家用电器的功能越来越丰富，相似产品开始研究功能

① 市质量技监局公布 2015 年家用电冰箱产品质量监督抽查结果 [EB/OL]. [2015-10-15]. http://www.shanghai.gov.cn/nw2/nw2314/nw2319/nw12344/u26aw45215.html? date=2015-10-15.

整合，以研发新的产品。我国能效标准也应不断更新，从而将此类新型家用电器纳入能效标识制度监管范围内，确保家电市场能效水平符合发展要求，提升节省能源的空间。

其次，是家用电器能效标识制度覆盖范围在小型家电产品中的扩展。小型家电种类繁多，体积较小，能效标识粘贴的位置比较局限，因此，能效标识较小，不容易被消费者发现。目前，很多使用频繁的小型家电还未被纳入能效标识制度的监管范围，如手机、音响等。因此，对于小型家电产品，能效标识的样式需要做出相应改变，可以设计更简洁的标识来表示能效标准，既便于监管，又便于消费者使用。另外一种可行的方法是直接在小家电上标注二维码，消费者可用手机扫描二维码，了解产品具体的能耗信息。目前我国使用二维码展示能效标识的产品主要来自海尔、美菱等厂家，值得进一步推广。[①]

最后，是家用电器能效标识制度覆盖范围在其他产品领域的扩展。生活中还有一些采用水能、热能和风能等清洁能源的家用电器产品，可直接贴上能效标识，让消费者在选择时一目了然。对于这类产品，应进行专门的能源效率管理，制定专门的能效标准与能效等级。另外，应区别于一般家用电器能效标识，设计更醒目的能效标识，以便消费者识别、选择和购买。

6.2.1.2 办公及工业设备能效标识制度覆盖范围的扩展

随着能效标识制度在家用电器的覆盖范围内逐步扩大，办公及工业设备也被纳入能效标识制度覆盖范围，并通过《目录》逐步公布。近年来，由于办公设备电子化、智能化，网络技术发展，以及大数据影响力不断扩大，办公设备已经逐渐成为IT基础设施的支柱，其用电量日益受到关注。美国国家环境保护局（EPA）不断扩大“能源之星”中办公设备的产品种类，包括电脑、电脑屏幕、存储设备、企业服务器、印刷设备、不间断电源、电话、互联网协议电话（VoIP）、小型网络设备和大型网络设备[②]。到目前为止，我国能效标识制度在办公设备领域覆盖的产品主要有微型计算机、平板电视、计算机显示器、复印机、打印机和传真机、数字电视接收器等，覆盖范围较窄。因此，随着网络渗透的日益加深，我国应积极学习美国“能源之星”中办公设备领域的成功经验，扩充至各大型、小型网络设备领域，将办公设备能效标识制度推广

---

① 今后手机扫一扫便知能效标识产品是否节能［EB/OL］.［2014－10－18］. http://www.testrust.com/news/detail—82525.html.

② 王会玲．美国“能源之星”对办公设备的能效要求及应对措施［J］．质量与认证，2016（9）：72—73.

到办公生活的方方面面。

对于工业设备能效标识制度覆盖范围的扩展，应从以下几个方面入手：首先是用电设备，对于应用量大且应用面较广的工业设备，应重点制定能效标识，如生产设备和照明器具应是能效标识制度优先纳入的产品；其次是燃油设备，应将重点放在工业车辆设备、柴油机等方面；再次是用水设备，对于工业用水，重点应放在净水设备、废水处理设备等方面；最后是工业用燃气设备，重点应放在工业用热水器具、燃气灶、燃气锅炉等方面。总的来说，工业设备能效标识制度覆盖范围的扩展，应针对使用频繁、应用较广的设备。工业设备是企业的心脏，是生产的主力军，若对工业设备实施严格的能效标识制度，或能效标识制度覆盖范围扩展太快，势必会在一定程度上影响企业的生产力，从而影响经济的发展。目前，我国经济处于转型的重要时期，工业设备能效标识制度覆盖范围的扩展应顺应我国经济转型的进度，不应操之过急，要将重点放在对生产影响较小且能耗较大的设备上，如照明设备、工业用车设备等辅助设备。

6.2.2　优化现行家用电器与设备的能效测评机制

我国能效测评体系还比较简单，家用电器与设备能效标识制度规定生产商可以自行检测能效水平，也可自行选择第三方拥有高水平的实验室或检测机构来对产品能效进行测评，并生成测评报告。但在实际操作中，检测机构的资质、等级存在差异，不同检测机构出具的检测报告可能并不能作为两种产品能效差异的权威证明，否则会有失市场公平和公正。美国能效标识制度中自愿性能效标识也可进行第三方检测认证，但与我国不同，美国企业不能够自行选择检测机构，而只能到能源部指定的检测机构（CB Certification Body）进行检测，通过第三方检测机构的检测后，再将检测报告交回认证部门审查，通过之后才可以获得认证证书。

我国家用电器的能效测评机制可借鉴美国自愿性能效标识的测评机制，对需要入市的产品的能效测评体系进行完善。首先，设立独立能效检测机构，鼓励家用电器与设备产品通过第三方检测机构对产品的能效水平进行测评，并出具公平、公正的测评报告，依据报告来确定能效等级，并粘贴相应的能效标识；对于企业自己的检测实验室，需要通过标准认证，获取资质后的检测报告才有效，或者其报告需要通过第三方检测机构的复审才能有效，同时，对所有检测机构的监督严格按照新《能源效率标识管理办法》实施，加大惩处力度。

这样可以有效减少市场上乱贴能效标识、能效标识信息与实际能效不相符的现象。其次，建立能效检测实验室的能力核验机制，加强对实验室检测资源的监管，保证能效标识制度的高效运行①，并且定期检查已经备案的第三方实验室的检测能力，以保障电器能效报告的真实性和公正性。

随着科技水平的发展，家用电器产品的能效水平有了突飞猛进的发展，因此我国家用电器能效标准要与时俱进、共同发展。比如，日本针对电冰箱、洗衣机、空调、工业发动机等"领跑者"制度内的耗能产品，建立了四个实验室进行能效检测，按照日本工业标准（JIS）进行产品测评，同时为了避免绿色壁垒对进出口的约束，还引进了ISO检测程序。因此，我国在家用电器能效标识制度的实施中应注意，除了对未上市的耗能产品进行必要的检测外，还应注意对已经上市的家用电器进行再次检测，及时将不符合能效要求的家用电器产品淘汰，以保证家用电器产品的能效水平处于不断提升的状态。

为了使我国家用电器能效测评体系更加完善，应建立企业信用体系。日本"领跑者"制度能顺利实施主要是由于日本电器行业高度完善的企业诚信体系。我国应根据国情，借鉴日本成功经验，积极建立企业诚信数据库，通过量化的指标科学地评价企业信用，消除企业、政府和消费者之间的信息不对称，建立完善、透明、绿色的家用电器市场。这样，对于政府，能够大幅度减少能效标识制度的监管成本；对于企业，良好的市场竞争环境能促进其积极开发节能新产品，提高节能技术水平；对于消费者，可根据能效标识获得产品真实的能耗信息，选择优质的低能耗家用电器。

6.2.3 改进现行家用电器与设备能效标准的制定机制

在家用电器与设备能效标准的更新上，我国某些家电类型的能效标准自2008年发布之后一直没有更新，如电饭锅、电风扇、热水器等中小型家电，使得我国家电产品能效水平一直处于落后状态。而以欧盟家用电器能效标识制度为例，欧盟一直致力于扩大能效标识制度的产品种类，将初期的8类家用电器，扩展到建筑、汽车和办公设备等相关方面。另外，随着产品技术的提升，欧盟不断修改能效标识制度，以家用电冰箱为例，1994年欧盟委员会颁布《家用电冰箱、冰柜及其组合产品能效标识实施理事会指令》后，分别于2003年、2006年对其做了进一步修改和完善，到目前为止，家用电冰箱的能效等

① 曹宁，王若虹．中国能效标识制度实施概况［J］．制冷与空调，2009（1）：9-14.

级除了最开始的 A~G，还添加了 A^{+}、A^{++} 等级，以符合产品技术的发展。

能效标准是能效标识制度的基础和核心，只有完善现行家用电器与设备能效标准，才能保证能效标识制度的顺利实施。因此，借鉴欧盟的成功经验，我国家用电器与设备能效标识制度对能效等级标准的管理应该做到以下三点：第一，升级各类家用电器能效标准，定时淘汰最低能效标准，推动家电产品整体能效水平的提高。利用强制性的淘汰方式，将低能效家电产品逐渐淘汰出正常的商品流通市场，减少消费者由于价格而选择高能耗产品的机会，提升社会的能源使用效率。第二，升级各类家电产品的能效等级。我国家电市场上的家电产品的能效等级分布较广，有能效等级非常高的家电产品，也有能效等级很低的家电产品，并且能效较低的家电产品所占比例大于 50%。第三，扩大能效标准覆盖范围。对于小型家用电器与设备，由于其耗能较低，易被忽视，应完善能效标准范围，制定有针对性的、严格的能效标准，实现全面节能。

6.2.4　改进现行家用电器与设备能效标识制度的监管方式

我国的家用电器与设备能效标识制度的监管方式是主要由政府牵头执行并监管。但是，仅依靠政府部门监管，难以达到高效运行的目的。比如，日本的“领跑者”制度主要由国家机构来执行，虽然取得了巨大的成就，但由于设置的横向机构太多，各部门间协调工作难度大，对制度的执行造成了一定影响。“领跑者”制度的巨大成功也体现了日本政府的高效性，值得我国借鉴。首先，建立明确的分工机制，日本经济产业省管辖九个地方经济产业局，各产业局分工明确、细致，各部门间配合良好，从而实现了高效管理。我国应进一步明确家用电器与设备能效监管部门的权责关系，建立完善、合理的奖惩机制，对效率低下且未完成目标的行政机构进行严厉惩罚。其次，建立家用电器与设备能源产业研发机构，支持节能技术及新能源的产业化，不断更新家电节能技术，为家电企业提供技术支持。

美国的“能源之星”制度属于自愿性能效标识制度，涵盖了大部分家用电器与设备，市场化程度较高，运行高效。虽然目前在我国家用电器与设备领域实行自愿性能效标识制度有一定难度，但可以学习美国“能源之星”制度的高度市场化形式，运用市场化手段代替部分低效率的政府主导监管模式。首先，建立家电行业内监督机制，让各家电企业相互监督，即第 2 章提到的“挑战检验”，这种模式在美国已经取得了良好的效果。其次，建立强大的消费者监督机制，建立公开的数据库，若消费者发现某类家用电器与设备产品的能效与实际不符，可以直接举报，由监管部门对该产品进行随机抽样调查，重新测试该产品的能效，如果确实不符合标准，则将产品从数据库名单中去除。

另外，还应加强家用电器与设备能效标识制度的违规惩处力度。目前，管理部门多采取抽样调查的方式对市面上粘贴能效标识的家用电器与设备进行检测，对不合格的产品进行通报，勒令其退出市场。但是，这种监管方式的有效性还不足，由于产品信息没有公开共享，这些不合格的产品还有可能通过其他途径再次进入市场。《能源效率标识管理办法》对可能出现的能效标识未备案、伪造、冒用、隐匿、虚假宣传等情况列明了适用的规定，但是详细处罚措施没有列明，唯一说明了的是对于未办理能效标识的，或应当办理变更手续而未办理的，以及使用的能将标识的样式和规格不符合规定要求的，情节严重的，由地方质检部门处 1 万元及以下罚款。[①] 随着社会发展，部分条款已不适用于当下市场情况，需要根据我国家电市场制定更合理可行的法律法规。2016 年 6 月修订后的《能源效率标识管理办法》明确了法律责任并强化了惩罚力度，见表 6—3。

表 6—3　2016 年 6 月施行的《能源效率标识管理办法》罚则[②]

条款	内容
第二十四条	地方节能主管部门、地方质检部门依据《中华人民共和国节约能源法》等相关法律法规，在各自的职责范围内对违反本办法规定的行为进行处罚
第二十五条	生产、进口、销售不符合能源效率强制性国家标准的用能产品，依据《中华人民共和国节约能源法》第七十条予以处罚
第二十六条	在用能产品中掺杂、掺假，以假充真、以次充好，以不合格品冒充合格品的，或者进口属于掺杂、掺假，以假充真、以次充好，以不合格品冒充合格品的用能产品的，依据《中华人民共和国产品质量法》第五十条、《中华人民共和国进出口商品检验法》第三十五条的规定予以处罚
第二十七条	违反本办法规定，应当标注能效标识而未标注的，未办理能效标识备案的，使用的能效标识不符合有关样式、规格等标注规定的（包括不符合网络交易产品能效标识展示要求的），伪造、冒用能效标识或者利用能效标识进行虚假宣传的，依据《中华人民共和国节约能源法》第七十三条予以处罚
第二十八条	违反本办法规定，企业自有检测实验室、第三方检验检测机构在能效检测中，伪造检验检测结果或者出具虚假能效检测报告的，依据《中华人民共和国质量法》《检验检测机构资质认定管理办法》予以处罚

① 《能源效率标识管理办法》（国家发革委、国家质检总局令第 17 号）.

② 《能源效率标识管理办法》（国家发革委、国家质检总局令第 35 号）.

续表6－3

条款	内容
第二十九条	从事能效标识管理的国家工作人员及授权机构工作人员，玩忽职守、滥用职权或者包庇纵容违法行为的，依法予以处分；构成犯罪的，依法追究刑事责任

2016 年 6 月施行的《能源效率标识管理办法》明确规定了对生产和进口企业、企业自有检测实验室、第三方检验检测部门、销售部门（包括网上销售）等的要求，并具体解释了违法行为的种类，制定了明确的惩罚条款，大幅提高了惩处力度。这对于家用电器与设备能效标识制度的实施具有很好的作用。由于家用电器与设备市场占有率高，部分缺乏社会责任感、只追求利益最大化的家电企业可能会选择铤而走险。因此，我国政府应借鉴国外能效标识制度的成功经验，除增强惩罚力度外，还应该加大行政处罚力度，对造成严重后果者更应该处以刑事处罚。此外，还应加强监管力度，完善的监管才能最大限度地发挥惩罚措施的作用。

总结分析目前我国家用电器与设备能效标识制度的运行情况，效果最好的还是强制性的家用电器及其设备能效标识制度。我国需进一步细化并扩大《目录》中家用电器与设备领域产品，并进一步完善能效标准。此外，针对日本政府的高效执行力以及美国“能源之星”制度的高度市场化形式，应取其精华、去其糟粕，从单一行政机制向行政与市场机制相结合转化，加强家用电器能效标识制度的违规惩处力度，形成具有我国特色的家用电器与设备能效标识制度。

6.3　优化中国家用电器与设备能效标识制度的措施

6.3.1　加强家用电器与设备能效标识制度的宣传

由于能源稀缺性越来越明显，家电行业也必须从粗犷型向节约环保型转变，完善我国家用电器与设备能效标识制度，促进家电产品质量和能效的提高，优化家电行业组织结构，推动家电绿色供应链的建立，从生产到销售以最环保的方式来发展家电行业。伴随能效标识制度覆盖范围的扩大，能效标识制度的宣传工作不可忽略，只有加大宣传力度，让大众都了解并熟悉能效标识的含义，通过能效标识关注耗能产品的能效情况，才能使能效标识制度的作用得以发挥。同时，要重视市场上针对家用电器与设备的能效标识的反馈信息。

对于消费者对能效标识的认知度，课题组在网上进行了随机调查，针对不同性别、年龄、学历、地区以及家庭收入获取了516名消费者能效标识调查问卷。首先，问卷通过设立一些有关能效标识的基本问题来了解消费者对能效标识的认识和对能效标识基本信息的理解，比如询问消费者是否了解能效标识、是否贴有能效标识的都是节能产品、能效标识一般被划为几级以及能效标识哪一级最节能等问题；其次，通过问卷调查了消费者对节能的态度以及消费者对贴有能效标识家用电器的购买倾向，比如询问消费者在购买家电时是否关注节能功能、是否相信能效标识的真实性、是否了解能效标识对购买家电的影响以及消费者是否在相同规格的情况下愿意多花钱（比如5%）去购买有能效标识的节能产品等问题。调查结果如图6－12所示，仅6.6%的消费者对能效标识制度非常了解，而56.6%的消费者对能效标识仅一般了解。图6－13中，80.2%的消费者表示能效标识对其购买家电有一定影响，仅12.5%的消费者表示会坚定地选择贴有能效标识的产品。行政部门可以利用补贴等形式对高能效等级的产品进行奖励，以鼓励生产商提高生产技术；也可以适当给予消费者购买优惠，引导其选购低能耗产品。

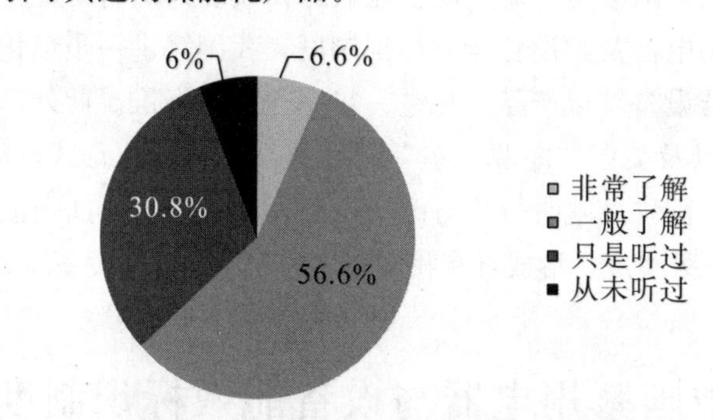

图6－12　消费者对能效标识的认知度调查

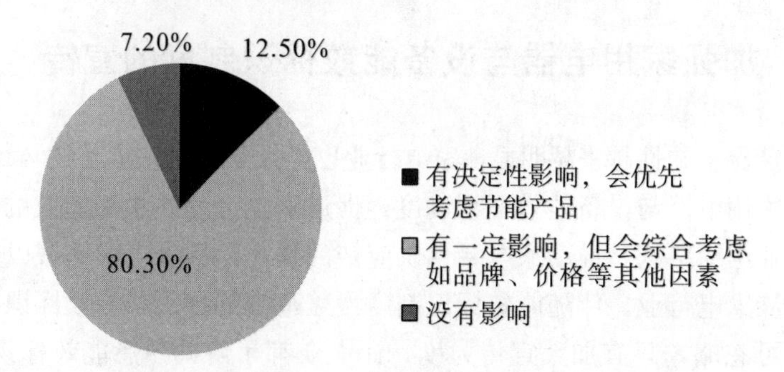

图6－13　能效标识对消费者购买家电产品的影响

（资料来源：根据课题组调研数据汇总）

在家电市场中，消费者在选购家用电器时并不十分了解能效标识的作用，对于能效标识的理解大都仅限于通过能效标识了解家电产品的能效等级，能效等级越高，耗能越少。而且能效水平仅仅是家电性能、家电价格等众多影响购买家电因素中的一种，并不能对消费者购买倾向产生明显影响。这说明我国消费者对于家电能效标识的了解并不深入，相关机构对高能效电器的推广支持力度不大，导致高能效电器推广缓慢。对此，我国能效标识制度应加大市场宣传推广力度。

首先，我国应制定符合我国国情的绿色发展道路规划。在发展经济的同时，注重生态环境的发展，实现经济和生态的可持续发展。同时，学习借鉴欧盟及美国、日本先进的绿色管理手段，充分利用市场优势来调整和管理能效标识制度，大力支持节能环保相关研发工作。此外，要与生产企业建立合作，一方面，促进企业的节能环保开发工作；另一方面，积极邀请企业参与科研机构技能技术和产品的研发工作，与企业共建绿色节能家电市场。总而言之，政府应该在提升我国家电产品能效水平、提高家电生产企业“绿色竞争力”的进程中充分发挥其领导作用。

其次，政府应多举办宣传活动，制定系统的工作计划。利用每年“节能宣传周”对能效标识进行宣传，开展培训会或者交流体验活动，这样不仅使能效概念深入人心，更为生产企业提供了平台宣传其贴标产品。可以在社区组织能效标识的宣传推广活动，让每一位居民都可以尽可能了解能效标识，从而对我国家电能效标识制度的发展起到一定的推动作用。我们还可以在学校组织能效标识的宣传活动，学生群体对于新事物的理解和接纳能力较强，如果学生早一些对能效概念有所了解，那么他们在走入社会之后也会将这种环保理念带入实际的工作和生活之中，从而推动节能事业的长期发展。

最后，社会各群体也需要配合政府工作计划做一些力所能及的推广工作。例如在每种新贴标产品进入市场时，生产企业可通过新品推介会或记者发布会的形式对贴标产品进行宣传，可以制作相关宣传手册，帮助消费者深入认识能效标识上各项内容的含义，引导消费者学会选购低耗能的贴标产品。报刊、广播和电视媒体可以编辑制作与能效标识相关的公益公告，对民众进行广泛的宣传，以润物细无声的方式让更多的人了解能效标识，为节能事业尽一分力量。

能效标识的宣传与推广工作是完善我国能效标识制度的重要部分，需要更多实际有效的方法。在我国能效标志制度的宣传推广中，政府部门应该起到主导作用，不断推进家电市场绿色化的进程，对家电能效的作用和意义进行重点宣传，让更多的民众了解并使用高能效家电产品。

6.3.2 增强家用电器与设备市场反馈机制的作用

能效标识制度的推广需要政府的主导，在我国家用电器与设备能效标识制度的相关政府部门的职责已经明确、市场监管的程序已经确立、监管手段选择适当的前提下，我们需要使更多相关者参与到能效标识制度的推广工作中，重视其对能效标识的反馈。反馈可以来自市场各方各面，包括家用电器生产企业、经销商和消费者等。

首先，要重视家电制造企业在生产和研发节能产品过程中的反馈信息。我国在制定能效标准时，更倾向于根据市场情况、各经济指标以及环境检测指标等宏观数据来进行，脱离了市场现实情况，忽略了我国生产企业的真实节能能力。由于我国企业研发能力参差不齐，并且地区分布不匀，制定过高的标准会使过多企业无法达到标准而放弃开发节能产品，而制定过低的标准又会导致无法达到预期的节能效果。所以，政府在制定能效标准时，需要邀请企业参与能效标准的制定和升级过程，了解企业在生产过程中遇到的困难和企业研发的进度，以提高能效标准限值的准确性，不能一味地依赖经济数据。而企业应该积极参与制定能效标准，上报最新研发进度以及生产研发过程中遇到的困难，保证制定出符合性高的能效标准。在这一方面，我国可根据国情借鉴美国的强制性能效标识制度与自愿性能效标识制度相结合的运行模式。

强制性能效标识制度是指政府对某些家电产品强制规定其应该达到的能效标准，对没有达到标准的生产企业会给予一定处罚，适用于一般家电企业。自愿性能效标识制度是针对能效水平较高的家电企业，指生产企业与政府签订自愿性节能协议，在协议中列明具体的能效标准，该标准一般要高于行业中的普遍能效标准，企业根据自身能力设置能效标准，政府对可以达到协议标准的企业提供一定的政策优惠，以鼓励生产商参加自愿性能效标识项目，提高整体的能效水平。国家对自愿参加节能项目的生产企业可以提供税收、补贴、贷款和政府采购等优惠政策，这是对具有节能理念企业的一种有效的鼓励措施，同时也可以促进同类企业学习，从整体上提高家电产品的能效水平。

此外，家电生产企业还应向有关部门反馈家电市场贴标产品的销售和售后情况，及时将消费者的反馈传达给能效标识制度管理机构，还应及时了解竞争企业的节能动态，如美国建立“挑战者”机制。我国也应鼓励企业勇于对竞争企业的贴标产品提出质疑，要求复检，使家电贴标产品市场形成良性竞争。相对应的，政府也应设立专门的机构“倾听”企业的声音，对提出质疑的企业给予一定的奖励，而对被质疑并监测出不符合标准的企业给予警告和惩罚，坚决打击企业的“漂绿”[①] 行为。

其次，重视家电经销商等产业链相关者的信息反馈。我国需要建立利益相关者参与制定监督家用电器能效标准的制度，在能效标准的制定和修订过程中邀请家电经销商等产业链相关者参加，明确各方权利和义务，从程序上确保企业、相关专家、消费者、非政府组织和政府组织等主体都可对能效标准的完善和修正提出意见，以保证制定出的能效标准具有普遍接受性和科学性。同时，经销商也要对销售的家电产品的质量和能效水平担负责任。要对经销商定期进行培训，让销售人员全面了解能效标识的作用及能效标准，在销售家电产品的过程中起到能效标识制度的推广和监督作用，将能效不合格的家电及时阻止在市场之外。另外，利益相关者和家电制造商之间可以互相检测监督，对于经销商或制造商胡乱粘贴能效标识的行为，应及时向相关部门举报。

最后，重视消费者的反馈。消费者是市场的主体，家电产品的主要对象就是消费者，而能效标识制度设计的根本目的是希望消费者能根据能效标识上提供的能效信息来选择低耗能商品，从而增加低耗能产品需求，淘汰高耗能产品，最终减少能源消耗，提高整个社会的能耗水平。所以，消费者反馈的重要性可想而知。消费者的选择直接反映了能效标识制度的运行效果，若贴标产品的销售量剧增，则说明我国家用电器能效标识制度得到了高效运行；反之，则说明无效。

此外，消费者是最终用户，对产品的能耗具有直接话语权，对于虚报能效的产品，可直接通过消费者体验调查得知，任何虚报能效的产品在消费者面前都无所遁形。但是，目前我国消费者的环保意识还较弱，在实际生活中，很多消费者不具备识别产品能效标识的专业知识，无法判断产品是否真的节能。所以，政府应该重视对消费者环保意识的培养，以及能效标识知识的普及。基于此，修订后的《能源效率标识管理办法》加大了对能效标识的宣传推广，将“能效信息码”（二维码）引入家用电器能效标识中，消费者只需要通过手机扫描二维码，便能方便快捷地获取产品的能效信息，快速地辨别低耗能产品。此外，还应建立完善的消费者投诉机制，比如，欧盟及美国、日本均建立了专门针对能效标识制度的消费者投诉网站，并配备了完备的处理投诉的机构。我国也应该建立线上投诉渠道，同时建立线下投诉点以及电话投诉点，便于消费者

① 指一个组织传播虚假信息以确立该组织为“环境保护者”的公众形象，而实际上该组织尚未建立此类形象，即企业虚假的环保诉求以及粉饰行为的代称。（《牛津词典》）

及时反馈能效产品体验情况。另外，能效标识相关管理机构和研发机构还应不定期进行民意测验和推广，了解消费者对能效标识的认知情况以及贴标产品的使用情况。

6.3.3 加强国际合作，跨越绿色壁垒

重视和研究欧盟及美国、日本家电产品相关能效标准，有助于完善我国家用电器与设备能效标识制度，更好地控制家电能源利用率，达到家电行业绿色发展的清晰目标；有助于我国家电行业发展的合理规划，预测家电行业未来发展方向，制订长远的竞争战略；有助于针对不同的产品特点，调整生产策略和出口策略，促进家电企业全球化发展。

6.3.3.1 建立能效标识合作伙伴关系

我国现在的能效制度正处于发展的起步阶段，有很多不完善的地方需要改进，我们急切地需要详细了解其他国家推广能效标识制度的路径，尤其需要向具有节能环保先进经验的发达国家学习。充分研究发达国家家用电器与设备能效标识制度，再结合我国人口众多、人均资源相对较少的国情，改进现有能效标识制度，可以为我国家用电器能源使用量大、节能环保措施不足等问题提供一定的解决措施，使节能环保更好地在居民生活中得到实践和推广，同时还能打破由能效标识形成的绿色壁垒，促进我国进出口发展。

首先，我国应不断研究并借鉴国外先进的能效标识制度运行模式。随着未来能源越来越稀缺，家电行业的发展也必须从粗放型转变为节约环保型。研究发达国家家用电器能效标识制度，有助于发现我国家电行业发展中的劣势，促进家电产品质量与能效的提高，优化家电行业组织结构，推动我国建立家电绿色供应链，从而以最环保的方式来发展家电行业。充分了解国际家用电器能效标准，积极发展科学技术，不断提高我国家用电器的质量和节能标准，有助于培养我国家电企业的绿色竞争力，抢占国际市场份额。

其次，应加强国际合作，鼓励企业走出国门。我国应积极参加国际能效标识相关活动，了解国际能效标识制度发展动态，鼓励企业走出去，积极申请国外能效标识，并给予一定的补贴与技术支持。比如申请美国“能源之星”，“能源之星”制度采用生产企业自我监测的形式，要获得“能源之星”标识需要通过以下三步：一是生产企业自行测评产品是否达到“能源之星”制度标准，也可向美国国家环境保护局寻求帮助；二是申请“能源之星”合作伙伴，可在

“能源之星”官方网站自行申请；三是完成“能源之星”合作伙伴的相关要求。企业通过建立“能源之星”合作伙伴关系，冲破发达国家的绿色壁垒，让我国高能效的家用电器走出国门，使企业获得丰富的经济利益，促进我国家电行业的发展，对于家电企业的节能环保工作具有重要的示范作用。

最后，我国家电产品在性能方面具有优势，但在节能环保方面，还需要提高技术以及能效水平。研究发达国家家用电器能效标识制度的具体要求及实施细则，充分了解国际家用电器能效标准及实施程序，有助于我国做好家电产品出口国际市场的准备工作，减少绿色壁垒对我国家用电器出口的消极影响。未来的贸易是全球化的，在产品质量标准方面我国需要和国际标准接轨，甚至要高于国际标准，这样才有足够优势占领国际市场。家用电器作为我国主要出口产品，更要未雨绸缪，走在行业的前列。

6.3.3.2　提升出口电器市场进入能力

欧盟及美国、日本等能效标识制度的实施，对家电产品能效有了更高的要求，以环境保护、节约能源等为准入门槛，对我国家电出口造成消极影响，形成绿色壁垒。以欧盟为首的发达国家组织对外实施的绿色壁垒，从环保、节能、安全等方面对出口欧盟的家电产品提出了严格的标准和要求。对于我国家电行业，这既是一个挑战，也是一种机遇，虽然欧盟提高了家电产品的技术门槛，但也给家电产品未来的绿色发展指明了方向。

现如今，低成本已经不足以支持我国家电产品在国际市场上占有重要位置，消费者的绿色消费意识在不断地增强，对产品节能环保也更加重视。欧盟消费者不仅以商品价格来选择产品，还会考虑产品是否“绿色环保”。因此，我国家电企业要想保有国际竞争力，就必须重视家电产品的“绿色环保”。

我国家电企业要想在国际市场上立足，产品品质优秀只是一个方面，家电企业还需要更强的综合绿色竞争能力。绿色竞争力不仅表现在产品的节能环保程度，还体现在企业生产和管理的方方面面，比如生产技术、产品包装、废物利用、管理经营等方面。可以从绿色技术、绿色管理、绿色采购、绿色物流、绿色生产、绿色营销这五个方面对家电企业进行绿色升级，涵盖企业全部运营环节，尝试将绿色环保理念融入企业经营，企业必须将生态原则和清洁生产原则作为经营的基本原则，并严格遵守。总之，我国家电企业应重视绿色产品的设计和生产，顺应国际市场的“绿色环保”走向，在尽量保持低价策略的同时提高自身产品的技术指标，将绿色理念融入产品的设计、生产、销售等各个方面，利用提高家电产品质量的方式打破欧盟及美国、日本等发达国家设立的绿色壁垒。

此外，我国还需要完善能效标识制度相关政策法规。配合修订后的《中华人民共和国节约能源法》的实施，对《能源效率标识管理办法》进行修正、更新和改善。能效标识制度相关政策法规的完善，可以为我国专项能效标准的研究制定、家电市场中能效标识的检测和监督、绿色节能家电的推广提供有力的支撑，形成统一的市场规范，明确家电企业的权利与义务，从而有利于企业发挥自身优势，在允许范围内进行创新设计和生产。

综上所述，现今我国家用电器品质优良，但在节能环保方面有待提高。充分借鉴欧盟及美国、日本的成功经验，一方面可提高我国家电能效水平，另一方面有助于突破发达国家绿色壁垒，为我国家电产品在国际市场争得一席之地。因此，应该首先研习国外能效标识制度的运行模式，其次加强与发达国家关于能效技术的交流合作，鼓励更多的中国家电企业走出国门，走向世界。

第7章 中国汽车能效标识制度的优化

在现今资源紧缺、环境污染的严峻形势下，交通运输行业是仅次于工业的第二大能源消耗行业，交通运输业行业的能效提升极为重要。近年来，原油需求量不断增长，很大一部分原因是发展中国家乘用车数量飞速增长。根据国际能源署（International Energy Agency，IEA）的预测，到2050年全球乘用车保有量将会增加到近20亿，而新增车辆中的90%来自非OECD（经合组织）国家，仅仅中国和印度就贡献了其中的1/3。在如此惊人的增速下，交通运输业不仅需要消耗更多的石油，也会导致更多二氧化碳和温室气体的排放。在能源消耗造成的碳排放中，交通运输业大概占据了23%。如果不采取任何措施，随着人口和汽车数量的飞速增加，这个数字还会继续上升，尤其是发展中国家的交通运输业的碳排放将会很快超过发达国家。

在这样的背景下，如何控制飞速增长的汽车能源需求和温室气体排放，是各国政府都要面对的重要挑战，而控制汽车数量增长、减少旅行需求和提高汽车能效是解决这一问题最重要的“三把钥匙”。围绕着“三把钥匙”产生的一系列制度法规已经在世界各国制定、实施。汽车能效标识制度重点关注汽车能效问题，在发达国家已经实行多年。实践证明，无论是强制性能效标识制度还是自愿性能效标识制度，汽车燃油经济性标准或温室气体排放标准对控制汽车能源需求和温室气体排放，都是有效的。

2006年，国务院发布的《国务院关于加强节能工作的决定》就已经提出要“加快实施强制性能效标识制度，扩大能效标识在家用电器、电动机、汽车和建筑上的应用”。然而与西方发达国家相比，我国汽车能效标识制度起步比较晚，至今没有列入《中华人民共和国实行能源效率标识的产品目录》（以下简称《目录》），目前只有国家市场监督管理总局与工业和信息化部负责实施的《轻型汽车燃料消耗量标识》，该标准专业性较强，普适性较弱，有必要进一步优化，以更简单明了、易于理解的方式，提供科学、准确、可供比较的节能信息，从而提高普通消费者理解并接受的程度。

7.1 中国汽车能效标识制度发展现状

我国汽车能效标识制度的发展主要有两个阶段：一是车辆燃料消耗量限值标准的制订和更新，在这一阶段我国制定了《乘用车燃料消耗量限值》《重型商用车辆燃料消耗量限值》《轻型商用车辆燃料消耗量限值》等标准，且至今仍在不断更新。科学的标准是实施能效标识的基础，有了限值标准，才会有进一步的能效标识制度的建立。其中《乘用车燃料消耗量限值》最为重要。二是轻型汽车燃料消耗量标识制度的实施发展，在燃料消耗量限值标准的基础上，我国开始在轻型汽车上试行强制性标识制度，从 2009 年开始，最先以《乘用车燃料消耗量限值》（GB 19578）等标准为基础开始实施，随后又在 2015 年以《乘用车燃料消耗量限值》（GB 19578—2014）等为基础更新了标识制度，具有了一定的民众认知度，对车辆生产商和经销商有了强制性要求，从而取得了可观的节能效益。

7.1.1 燃料经济性限值标准

我国汽车能效标识的标准统一于我国现行的燃料经济性标准体系，该体系由测试方法、限值标准和标识标准三部分组成，汽车能效标识标准是其中的最高层次，如图 7−1 所示。

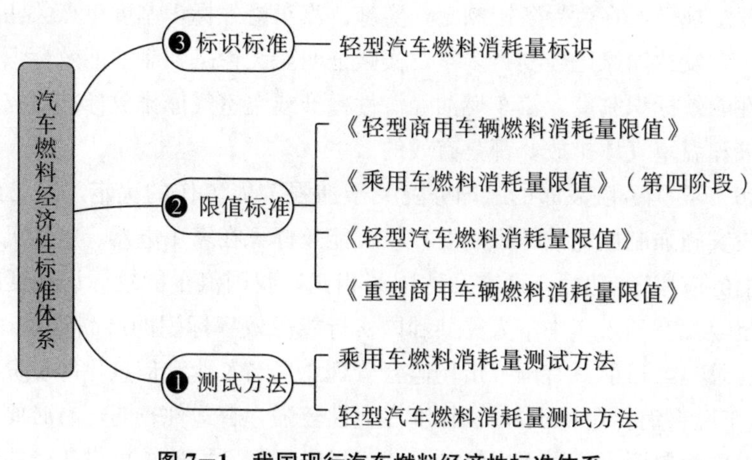

图 7−1 我国现行汽车燃料经济性标准体系

这其中，《乘用车燃料消耗量限值》最为重要，它是其他标准的基础。早在2001年，我国就开始正式研究汽车燃油消耗量标准以及节能环保政策，在随后的十多年时间内，我国高度重视汽车能效技术的发展，先后出台了一系列法律法规，我国《乘用车燃料消耗限值》的实施也随之经历了四个阶段。

2004年，国家市场监督管理总局、国家标准化管理委员会发布《乘用车燃料消耗量限值》（GB 19578—2004），这是我国第一项强制性汽车燃料消耗量管理标准。该标准按照整车装备质量分16组设定车型的燃料消耗量限值，同时，该标准分两个阶段实施。对于新认证车，从2005年7月1日开始执行第一阶段，从2008年1月1日开始执行第二阶段；对于在生产车，从2006年7月1日开始执行第一阶段，从2009年1月1日开始执行第二阶段。

2011年年底，国家市场监督管理总局、国家标准化管理委员会发布《乘用车燃料消耗量评价方法及指标》（GB 27999—2011），在单车限值标准的基础上引入平均燃料消耗量[①]（CAFC）概念，根据整车装备质量设定了单车燃料消耗量，限值于2015年的目标值，并确定了CAFC的核算办法及指标，这标志着我国《乘用车燃料消耗限值》标准实施进入第三阶段。第三阶段单车燃料消耗量限值标准仍参考第二阶段，实施目标为2015年乘用车产品达到6.9 L/100km的燃料消耗量限值。

2014年12月，国家市场监督管理总局、国家标准化管理委员会又发布了《乘用车燃料消耗量限值》（GB 19578—2014）、《乘用车燃料消耗量评价方法及指标》（GB 27999—2014），这成为《乘用车燃料消耗量限值》标准第四阶段的实施依据。

在第四阶段，《乘用车燃料消耗量限值》标准仍将延续第三阶段车型燃料消耗量限值和企业平均燃料消耗量（CAFC）达标的双重管理方案，进一步加强了汽车单车燃料消耗量限值和目标值要求，并对CAFC/TCAFC提出了新的要求。第四阶段《乘用车燃料消耗量限值》标准主要是实现2020年5.0 L/100km的乘用车燃料消耗量限值目标，实施的时间范围为2016—2020年，对新认证车，执行日期为2016年1月1日，对在生产车，执行日期为2017年1月1日。表7-1列出了中国乘用车燃料消耗量标准实施阶段的基本概况。

① 汽车在道路上行驶时每百公里平均燃料消耗量.

表 7-1　中国乘用车燃料消耗量标准实施阶段

实施阶段	时间范围	标准依据	特点
第一阶段	2005.07—2008.01（新认证车） 2006.07—2009.01（在生产车）	GB 19578—2004	仅对单车燃料消耗量限值进行要求
第二阶段	2008.01—2012.07（新认证车） 2009.01—2012.07（在生产车）	GB 19578—2004	仅对单车燃料消耗量限值进行要求
第三阶段	2012.07—2015.12	GB 19578—2004 GB 27999—2011	要求单车燃料消耗量限值与CAFC比值达标并行；将进口车纳入管理
第四阶段	2016.01—2020.12	GB 19578—2014 GB 27999—2014	要求单车燃料消耗量限值与CAFC比值达标并行；将进口车纳入管理

国家发展和改革委员会发布的《中国应对气候变化的政策与行动 2015 年度报告》中指出，2015 年全年“严格实施道路运输车辆燃料消耗量限值标准，累计发布 31 批、3 万余个达标车型。发布《乘用车燃料消耗量限值》《重型商用车燃料消耗量限值》及《关于加快新能源汽车在交通运输行业推广应用的实施意见》等文件”。可以看出，我国汽车燃料经济性标准体系正在不断完善。

值得一提的是，目前我国只实行了轻型汽车的燃料消耗量标识，还没有扩展到中、重型汽车，这是我国汽车领域能效标识制度发展的重要方向，也是必然趋势，需要相关部门加快制定相应政策。

7.1.2　轻型汽车燃料消耗量标识

2008 年 12 月 31 日，国家市场监督管理总局和国家标准化管理委员会联合发布了《轻型汽车燃料消耗量标识》（GB 22757—2008），并规定自 2009 年 7 月 1 日起针对所有轻型新售车辆强制实施。

《轻型汽车燃料消耗量标识》确定了汽车燃料消耗量标识的内容、格式、材质和粘贴要求（给出的规范性标识样式如图 7-2 所示），并明确规定标识实施的标准基础包括《轻型汽车燃料消耗量测试方法》（GB/T 19233）、《乘用车燃料消耗量限值》（GB 19578）以及《轻型商用车辆燃料消耗量限值》

(GB 20997)等，满足了这些限值标准的轻型汽车必须强制粘贴燃料消耗量标识。值得注意的是，该标准“不适用于混合动力电动汽车及可燃用其他单燃料的车辆”①。

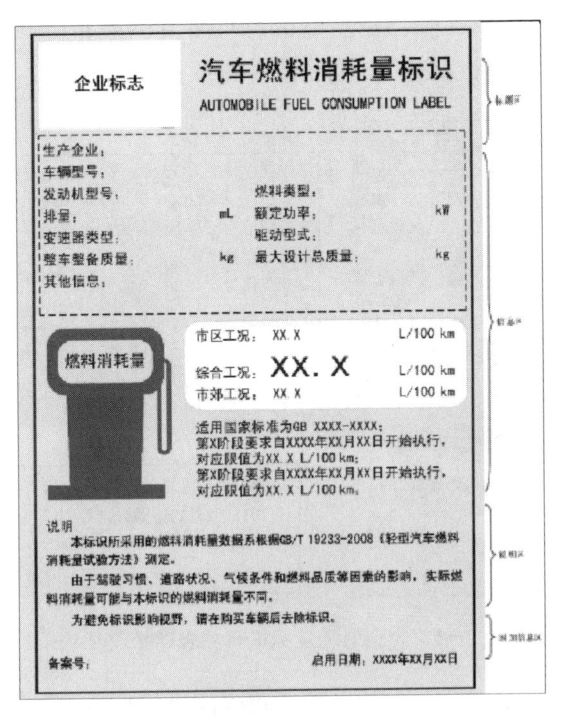

图 7—2　轻型汽车燃料消耗量标识样式

（资料来源：《轻型汽车燃料消耗量标识》(GB 22757—2008)）

为了贯彻落实这一标准，2009 年 7 月 31 日，国家工业和信息化部装备工业司印发了《轻型汽车燃料消耗量标示管理规定》，就“标示要求”“标识标注”“监督检查”等环节进一步做出了规定，并要求“汽车生产企业或进口汽车经销商应将不同油耗车型的《汽车燃料消耗量标识》样本于汽车产品上市销售前报工业和信息化部（装备工业司）备案”②，报送电子文档。

《轻型汽车燃料消耗量标识》是国家强制性的，实施后，新车内部均出现该标识，取得了一定的社会影响力。2015 年 12 月 3 日，国家工业和信息化部印发《关于调整轻型汽车燃料消耗量标识管理有关要求的通知》，第一次对标识做出了调整，主要包括两个方面：一是“轻型汽车燃料消耗量标识全面实行

① 《轻型汽车燃料消耗量标识》(GB 22757—2008)，范围．

② 《轻型汽车燃料消耗量标示管理规定》第四章．

在线备案，不再要求报送《汽车燃料消耗量标识》样本、‘汽车燃料消耗量标识备案信息’的文本文件和电子文件。”二是作为标识实施基础的标准的改变，“《乘用车燃料消耗量限值》（GB 19578—2014）将于2016年1月1日起将对新认证车型开始实施。为使燃料消耗量标识与限值标准相协调，对燃料消耗量‘信息区’有关表述进行调整”，如图7-3所示。

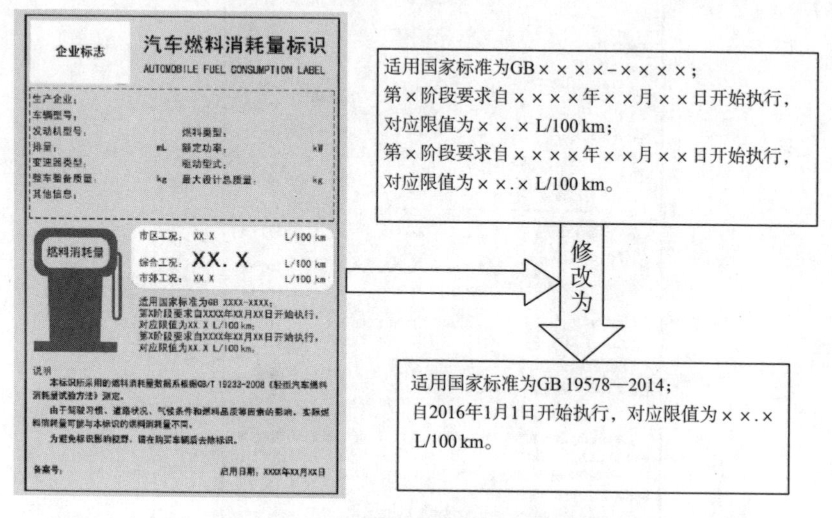

图7-3　燃料消耗量标识有关表述修改要求

2017年5月12日，工业和信息化部最新发布的《轻型汽车能源消耗量标识 第1部分：汽油和柴油汽车》（GB 22757.1—2017）和《轻型汽车能源消耗量标识 第2部分：可外接充电式混合动力电动汽车和纯电动汽车》（GB 22757.2—2017）成为我国目前最新标准，标准规定于2018年1月1日开始实施。文件对传统标识的样式做了少量改变，并开始将混合动力电动汽车和纯电动汽车纳入标识涵盖范围，预计《轻型汽车能源消耗量标识 第3部分：除汽油和柴油车外的其他单一燃料类型汽车》这一标准也将很快出台。

自《轻型汽车燃料消耗量标识》实施以来，民众认知度不断提高，高能耗汽车市场份额逐步减少，一定程度上促进了我国汽车节能领域的发展。

7.2　中国现行汽车能效标识制度的完善

我国《轻型汽车燃料消耗量标识》最大的问题在于只是单纯标示数值，专业性强，缺乏普适性，因此具有很大的改善空间。可以借鉴我国家用电器与设备能效标识或者其他国家的汽车能效标识，制定更为简单易懂的标识，让广大消费者能直观地对比出车辆的能效水平。

7.2.1　中国现行汽车能效标识样式的优化

7.2.1.1　优化能效标识内容，使能效信息更易理解

汽车能效标识上最主要的信息是燃油经济性信息和碳排放信息，通常这些信息都显示直接的数值，因此，汽车能效标识根据内容可以分为两类：一是以每升燃油的行驶公里数（km/L）或者每加仑燃油的行驶英里数（MPG）为计量单位的燃油经济性标识；二是以每公里的二氧化碳排放量（gCO_2/km）为计量单位的碳排放标识。虽然两者之间可以互相换算，但不同国家和地区有着不同的选择。

表 7－2　部分国家和地区汽车能效标识类型的选择

地区	标识类别	计量单位	结构	测试方法	实施类别
美国	燃油经济性	MPG	汽车和车型卡车	US CAFE	强制
欧盟	碳排放	g/km	轻型乘用车	EU NEDC	强制
日本	燃油经济性	km/L	基于重量分类	Japan 10－15	强制
加拿大	燃油经济性	L/100km	汽车和轻型卡车	US CAFE	自愿
加利福尼亚	碳排放	g/mile	LDT1 和 LDT2	US CAFE	强制
澳大利亚	燃油经济性	L/100km	轻型乘用车	EU NEDC	自愿
韩国	燃油经济性	km/L	基于引擎大小分类	US CAFE	强制
奥地利	燃油经济性	L/100km	基于引擎大小分类	EU NEDC	自愿

资料来源：https://infogr.am/－0924752797073892。

美国早在 1973 年就建立了世界上第一个汽车能效标识制度，要求汽车生产商生产的在美国境内销售的新车辆需要达到一定的能效标准，并且需要在所有新售车辆上提供由美国国家环保局测试并设计的汽车能效标识，图 7－4 便是美国的传统动力汽车能效标识。欧盟的 1999/94/EC 指令也规定了欧盟所有在售车辆必须在醒目的位置强制性粘贴碳排放能效标识，必须为消费者提供基本的能效和排放信息，具体标识的设计和内容交由成员国自行决定，这也导致了欧盟各成员国的汽车能效标识不尽相同。图 7－5 给出了德国和英国的汽车能效标识

样式。目前，加拿大、日本等都已建立起较为完善的汽车能效标识制度。

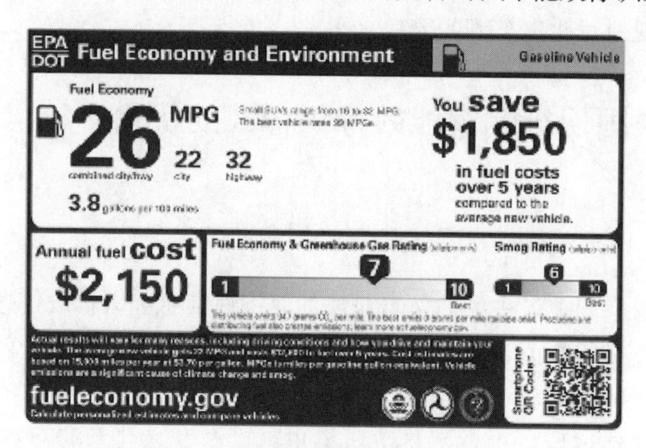

图 7－4　美国传统动力汽车能效标识

（资料来源：美国能源经济网，www. fueleconomy. gov）

Information über Kraftstoffverbrauch,
CO_2-Emissionen und Stromverbrauch i. S. d. Pkw-EnVKV
Marke:
Kraftstoff:
Modell:
andere Energieträger:
Leistung:
Masse des Fahrzeugs:
Kraftstoffverbrauch
kombiniert:
/100 km
innerorts:
/100 km
außerorts:
/100 km
CO_2-Emissionen
kombiniert:
g/km
Stromverbrauch
kombiniert:
kWh/100 km
CO_2-Effizienz
A+
A
B
C
D
E
F
G
B
Euro
Euro
Euro

Fuel Economy
VED band and CO_2
CO_2 emission figure (g/km)
A
B
C
D
E
F
G
H
I
J
K
L
M
Fuel cost (estimated) for 12,000 miles
VED for 12 months
Environmental information
A guide on fuel economy and CO_2 emissions which contains data for all new passenger car models is available at any point of sale free of charge. In addition to the fuel efficiency of a car, driving behaviour as well as other non-technical factors play a role in determining a car's fuel consumption and CO_2 emissions. CO_2 is the main greenhouse gas responsible for global warming.
Make/Model:
Engine Capacity (cc):
Fuel Type:
Transmission:
Fuel Consumption:
Drive cycle
Litres/100km
Mpg
Urban
Extra-urban
Combined
Carbon dioxide emissions (g/km):
Important note: Some specifications of this make/model may have lower CO_2 emissions than this. Check with your dealer.
Department for Transport
To compare fuel costs and CO_2 emissions of new cars,
visit http://carfueldata.direct.gov.uk/
VCA

图 7－5　德国（左）和英国（右）的汽车能效标识

（资料来源：https：//ec. europa. eu/clima/policies/transport/vehicles/labelling _ en）

实施汽车能效标识制度的国家或地区都不同程度地受到两个问题的困扰：一是不断增大的石油使用量以及油价上升和能源供应的安全问题；二是过量碳

排放导致的气候变化问题。通常来说，注重石油使用和能源安全问题的国家适合采用基于燃油经济性（km/L）的汽车能效标识；而当气候变化成为主要考虑因素时，一般适合采用基于不是排放（gCO_2/km）的汽车能效标识。另外，燃油经济性（km/L 或 MPG）信息和碳排放（gCO_2/km）信息之间的选择也一定程度上取决于消费者更熟悉哪种计量单位，或者是相应地区以往的法律法规。在实际生活中，这两类标识通常以数值的形式表示，但多数消费者对具体数值并没有多大的概念，而过于专业反而会降低普适性。

燃料消耗量限值标准首先应针对企业，制定具体的数值更加准确、专业，有助于加强对汽车生产企业的管理和控制，激励其不断创新，生产更加高效节能的汽车。然而，贴在车身上的能效标识的主要作用是向消费者传递汽车能效信息。大多数消费者无法通过仅标注具体数值的能效标识判断该车是否节能，或者其在同类车型中的节能程度，因此，有必要针对消费者提供更为简洁直观的能效标识，从而加强消费者的甄别能力，引导消费者购买更高能效的汽车，逐步压缩高能耗汽车的市场空间。

为了更好地展示汽车能效水平，汽车能效标识可以通过提供能效等级，从而帮助消费者更好地理解车辆能效水平，这个能效等级可以是绝对值或者是相对值。美国为车辆提供的是一个基于全体车辆的绝对能效等级，不区分车辆的大小、等级、类型。而欧盟部分国家，如德国，实行的是基于同类型车辆的相对能效等级。

这两种能效等级各有优劣。绝对能效等级可以让消费者不用考虑车辆分类而直接选择更节能的车辆，但缺点也很明显，例如重型汽车和轻型汽车由于能效不同，会各自集中出现某一能效区间，这时消费者对同类型汽车之间能效的辨别就较为困难。相对能效等级则能帮助消费者在同一类型汽车中做出选择。研究表明，大部分消费者在决定购买汽车时已经确定了车辆种类。因此，消费者更希望得到关于同类型车辆能效对比的帮助[①]。然而，由于相对能效等级会让人忽视大型汽车本身具有的高排量特性，某些生产商就会钻空子，比如将高能耗汽车伪装成重型汽车，在重型汽车能效等级中获得优势，以粘贴相对等级较高的能效标识。总的来说，能效绝对数值、能效绝对等级或者能效相对等级标识的使用各有优劣，它们都可以在一定程度上帮助消费者更好地了解汽车在

① ADAC（2005）. Study on the effectiveness of Directive 1999/94/EC relating to the availability of consumer information on fuel economy and CO_2 emissions in respect of the marketing of new passenger cars.

实际使用中的表现。

对于我国汽车能效标识上能效信息的显示，首先要明确制度目标，是更注重能源安全（采用燃油经济性标识），还是更注重气候问题（采用碳排放标识）。随着我国环境问题的日益严重和消费者环保意识的提高，建议采用碳排放标识。同时，为了方便消费者的甄别与选择，应借鉴家电领域经验，采用分等级的能效标识。德国实施的相对能效等级，将车辆分为不同的类型，使同类型车辆之间互相比较，这一经验值得我国借鉴，也更有利于我国汽车行业的发展和消费者的选择。

此外，消费者也相当看重驾驶成本、奖励之类的财务信息。通过将汽车能效标识和经济动机关联起来，可以提高汽车能效标识对消费者选择购买的影响。为了提高中国汽车能效标识的有效性和丰富性，在标识空间允许的情况下，还可以简要地提供车辆的行驶成本信息，并提供可能的相关财政政策（补贴减税）信息。这样，有助于突出高能效汽车的优势，使消费者更倾向于购买更节能的汽车。

7.2.1.2 在现行能效标识中增加可比较的、更经济的能效信息

各国汽车市场发展程度不完全相同，汽车能效标识的实施状况也不尽相同，不同车型之间的能效标识也有所区别，这就给消费者选择高能效汽车带来一定的不便。此外，针对传统动力汽车和新能源汽车的能效信息对比，缺乏使消费者能直接判断的依据。因此，在我国汽车能效标识制度的实施过程中，需要为消费者提供可比较的能效信息，方便其在传统动力汽车与新能源汽车之间快速做出选择。

随着新能源汽车的飞速发展，将新能源汽车纳入我国汽车能效标识制度实施范围是必然趋势，因此，为新能源汽车提供可以和传统动力汽车相比较的能效信息，不仅有助于突出新能源汽车在环保和经济节约方面的优势，也有助于我国汽车能效标识制度的健全和规范。在制定可比较的汽车能效标识时，可以考虑以下三种类型的标识。

第一种是能效等价值型。尽管燃料来源不同，但是它们都可以通过能量含量转化为能效等价值。美国使用的是 MPGe（MPG equivalent），它代表了新能源汽车在使用了相当于一加仑汽油能量含量的能源后所能行驶的距离。对比新能源汽车和传统动力汽车，能效等价值标识为我们提供了一种先进的思路。

第二种是碳排放型。二氧化碳排放的水平相比较而言更容易被消费者理解，在不同燃料类别之间的比较也更为直观。但传统动力汽车显示的碳排放通

常指的是从油箱到车轮（tank-to-wheel）的碳排放，即汽车燃烧引擎内的燃料来驱动轮胎的燃料循环过程，而对于电动汽车这样的新能源汽车来说，它的尾气排放是零。因此，为了对新能源汽车和传统动力汽车进行比较，我们应该考虑传统动力汽车从油井到车轮（well-to-wheel）的碳排放，即燃料从“油井”中生产出来那一刻起到“车轮”开始转动那一刻止，将该过程中的每个阶段排放量都纳入考虑范围。对于新能源汽车，要考虑其消耗的电量也是通过其他能源消耗得来的，也会产生碳排放，应当综合计算生成的电量所消耗的其他能源的碳排放量。通过这种分析方法，就可以比较新能源汽车和传统动力汽车的能源效率和碳排放量了。

第三种是加油成本。加油成本可以帮助消费者理解当前更贵的节能汽车在未来使用过程中能节省更多的费用。这主要体现新能源汽车的经济性，相较于高昂的油价，新能源汽车在日常运行中消耗的电量或其他燃料的成本更为低廉。消费者在选择汽车时，往往片面地比较汽车的价格，而很少比较未来汽车使用能源的费用，这有点像白炽灯和节能灯的比较，如果在能效标识中能够提供加油成本，也会在一定程度上为消费者的选择提供支持。

7.2.2　完善汽车能效标准的制定

如果不限定汽车企业公布油耗标识的标准，那么绝大多数汽车厂商会倾向于向消费者出示等速百公里最低能耗（即汽车在无坡度的平坦好路上等速行驶 100 公里的最低能耗量），由于道路状况、开车习惯等因素的不同，等速百公里最低能耗会对消费者造成误导，过分夸大汽车的能效水平，因此国外对于车辆能耗的测评以及公示的标识都有严格的规定。从国外的成功经验可知，建立汽车能效标识制度的关键首先在于能耗标准的制定，然后配合先进的测评技术和严格的惩罚措施。

中国过去制定新车油耗标准，目的之一是尽早与国际先进水平接轨，在目标值的绝对值上尽快赶上发达国家（美国、日本及欧盟成员国），如我国 2020 年目标值 5 升/百公里，就是参考日本 2005 年（即我国政策制定者刚开始讨论第 3 阶段油耗标准时）乘用车平均油耗约 5 升/百公里。我国在对现有乘用车技术基准和未来技术发展的研究还落后于发达国家。目前对未来技术节油潜力、应用水平，乃至成本的研究方法主要还是依托于对企业进行的公开的或一对一的调研。这种“传统”的方法虽然仍是信息的重要来源，但可能会低估技术发展和创新的能力和潜力，高估其成本，从而大大限制未来标准的严格性，这样制定出来的标准对技术创新的鼓励作用不大。

美国国家环境保护局（Environmental Protection Agency，EPA）和美国国家公路交通安全管理局（National Highway Traffic Safety Administration，NHTSA）除了进行企业调研外，机构内部的工程师还研发了一系列评估技术和成本的模型，此外他们还雇佣独立研究机构进行大量试验和模拟，进一步补充、优化和完善自己的模型。与美国 EPA 建立的一系列技术和成本的先进研究模型相比，我国研究方法相对较落后，应积极完善。

7.2.3 优化汽车能效标准的检测

汽车能效标识不仅为比较不同车型的能效提供了途径，同时也为消费者提供了实际驾驶车辆的能效表现预期。事实上，尽管汽车能效信息都是来自模拟真实驾驶情况的测试工况，然而由于交通、道路、天气、车辆保养情况、个人驾驶习惯的差别，消费者实际驾驶车辆时的能效水平必然存在着一定差异。这种差异在合理范围内是可以被消费者接受的，但若过大，则会影响能效标识的可信度，从而使能效标识制度的实施效率降低。因此，能效标识需要为消费者提供更为科学准确的能效信息，减少能效标识中能效数据和实际驾驶状态下能效数据之间的差异。

汽车能效标识制度的能效数据都来源于汽车型式认证（即车辆的产品认证，确认新产品是否符合性能标准，作为型式批准的技术依据）测试。在美国，由汽车生产商自行进行型式认证测试，并将测试结果提交给政府；而在欧盟，汽车型式认证测试交由政府指定的技术服务机构进行。针对这两种情况，为确保型式认证测试的能效数据的可靠性，必然要进行审查。

政府需要选择自建的实验室或者第三方独立实验室来进行确认性测试。这些测试应该选择热销车型，辅以随机抽查。为了保证汽车能效标识制度的执行效果，每年至少要审查一定量的样本。

我国可以借鉴欧美经验，从以下几个途径提高能效标识的准确性：

第一，确定测试工况与实际能效间的相关因子。美国的 EPA 从 1985 年开始使用这种策略来校准测试数据，即在测试得到的能效数据的基础上乘以一定百分比。最近美国还采用 5 循环测试工况①代替原先的循环测试工况，在原先的基础上增加测试循环来捕捉车辆在更多驾驶环境下的能效表现。

① 美国轻型车燃油消耗量标签值经过五种工况循环进行测试，最后对测试结果进行加权计算。五种工况分别是 FTP75 循环、低温 FTP75 循环、SC03 循环（空调）、HWFET 循环（高速）和 US06 循环（野蛮驾驶）。

第二，建立和采用更能代表实际驾驶情况的测试工况。这一途径非常困难，因为除了测试工况本身影响因素之外，驾驶距离、驾驶间隔时间、温度、风速、下雨、承重、道路质量等一系列因素都会对车辆能效水平产生影响。日本用 JC08 测试工况代替了之前的 10－15 测试工况，新的测试工况考虑了冷热启动的区别和最高时速，得到的平均测试能效数据结果比原测试工况低了近 8%。欧盟和联合国经济委员会（UNECE）世界车辆法规协调论坛（WP29）合作研究新的 WLTP 测试工况（World Light－duty Vehicles Test Procedure），预计到 2020 年正式取代现有的 NEDC 工况。新的 WLTP 工况有望大大减小测试与实际能效数据之间的差距，然而这种差距只能被尽可能减少，无法完全消除。

第三，让消费者向汽车能效标识制度相关网站或数据库提交自己汽车实际驾驶的能效数据。

图 7－6 是美国政府网站（燃料经济网，www. fueleconomy. gov）提供的 My MPG 服务。该服务鼓励车主将自己实际驾驶中的汽车能效数据展示出来，以方便企业、测评机构的研究，同时使得各方信息透明公开，使消费者了解到更多、更真实的能效信息。

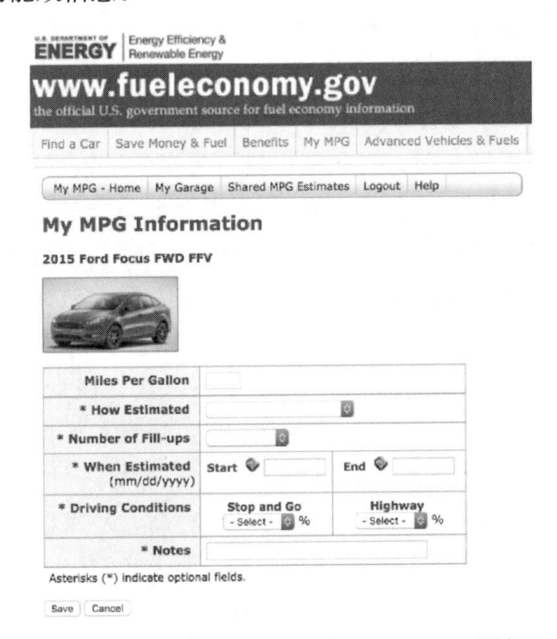

图 7－6　美国燃料经济网提供的 My MPG 服务

（资料来源：https://www. fueleconomy. gov/MPG/MPG. do?action）

7.2.4 增强汽车能效管理机构的协调

国家工业和信息化部（以下简称“工信部”）作为我国汽车工业的主管部门，负责汽车能耗标识制度的建立、实施与监管。2009 年 7 月 31 日，工信部印发了《轻型汽车燃料消耗量标示管理规定》（工装［2009］第 50 号）作为管理全国汽车燃料消耗量标识制度的纲领文件，明确了轻型汽车燃料消耗量检测与申报、标识备案、标示、公布、监督处罚等各项规定，但这些规定都将行政权力局限在工信部，如要求汽车企业或进口商必须将标识样式向工信部装备工业司备案，由工信部指定的检测机构检测确认新车燃料消耗量数据，由工信部进行汽车产品燃油消耗量公示等。

管理部门单一、缺乏各部门的沟通与协调成为我国完善汽车能效标识制度必须解决的问题之一。国家发展和改革委员会、国家认证认可监督管理委员会与国家市场监督管理总局三部委联合负责实施我国能效标识制度，汽车目前还没有被纳入《中华人民共和国实行能源效率标识的产品目录》（以下简称《目录》），工信部的汽车燃料消耗量标识本质上属于产品能效标识，完全可以进一步优化为更科学准确、更易理解的能效标识，将汽车扩充到《目录》里也是建立我国更为统一的能效标识制度的必然趋势，如果各自为政、相互独立，那么能效标识制度的实施效果将难以有进一步提升。

另外，在监督管理环节，工信部也缺乏与交通运输部的充分协调。2010 年 1 月，工信部门户网站开设了“轻型汽车燃料消耗量通告”栏目，将汽车生产企业或进口汽车经销商备案的燃料消耗量统一公示，“发挥舆论监督作用，对发现或有举报并经指定机构确认查实未按规定报送《汽车燃料消耗量标识》备案，或未按规定进行标示、标示内容与公布数据不符的，将视情节严重程度按国家有关法律、法规的规定予以处理”[①]。现实中，民众对网站的通告栏目并没有很高认知度，而且网站公示的都是数据，缺乏汽车能耗相关专业知识的民众很难看懂，这就使得标识制度的舆论监督作用大打折扣。交通运输部人员较民众而言有更多的接触汽车的机会，专业素养高，发挥监督反馈的作用可能更为明显，工信部如果能与之加强沟通协调，那么能效标识制度的实施效果将大幅改善。

能效标识制度对引导消费者绿色消费，推动产品节能改造升级，推动产业

---

① 工业和信息化部解读《轻型汽车燃料消耗量标示管理规定》，2009 年 8 月 6 日 .

技术进步有重要作用。汽车产业作为耗能大户，不仅消耗大量不可再生资源，同时也产生大量尾气，成为空气污染的重要“元凶”。我国汽车产业庞大，完善汽车能效标识制度不能单单依靠工信部装备工业司（注：我国汽车工业主管部门为工信部装备工业司汽车处）的力量，必须加强各部门的沟通与协调，单一的管理部门和绝对的权力往往滋生寻租现象，将汽车扩充到《目录》里，按照《能源效率标识管理办法》实施，同时加强三部委、工信部和交通运输部等部门的沟通协调，从限值标准的制定、标识的样式、检测机构的审核设立、监督和惩罚措施等多个环节进行深入合作，积极建立更为科学有效的汽车能效标识制度，让消费者和市场的力量参与进来，只有进一步从管理机构上进行优化改革，才能真正促进我国汽车领域节能减排事业的发展。

7.3　中国现行汽车能效标识制度涵盖范围的扩展

7.3.1　涵盖所有新能源汽车以及中重型汽车

21 世纪初，我国便开始规划发展新能源汽车产业，2001 年将其纳入“十五”期间的“863”重大科技课题，到“十一五”期间，政府又提出“节能和新能源汽车战略”，至 2008 年，我国新能源汽车迅猛发展，该年也被称为“新能源汽车元年”。之后，我国政府高度重视，不断出台新的补贴扶持政策，刺激新能源汽车产业的不断前进，到 2014 年，全年生产新能源汽车 8.39 万辆，同比增长近 4 倍，2015 年 1—9 月生产新能源汽车 15.62 万辆，同比增长近 3 倍。[①] 然而，相较于新能源汽车的快速发展，我国却没有及时统一的针对新能源汽车的能效标识制度出台，消费者对新能源汽车能效的了解相当有限。

2017 年 5 月 12 日，工信部最新发布的《轻型汽车能源消耗量标识　第 1 部分：汽油和柴油汽车》（GB 22757.1—2017）和《轻型汽车能源消耗量标识　第 2 部分：可外接充电式混合动力电动汽车和纯电动汽车》（GB 22757.2—2017）成为我国目前最新的国家标准，标准于 2018 年 1 月 1 日起开始实施。除了传统汽油和柴油汽车外，我国目前迅猛发展的新能源汽车的类型众多，主

① 国家发展和改革委员会．中国应对气候变化的政策与行动 2015 年度报告[EB/OL].[2018－04－01]. http://max.book118.com/html/2018/0330/159340688.shtm.

要包括燃料电池电动汽车、混合动力汽车、氢能源动力汽车、纯电动汽车、太阳能汽车、其他新能源（如高效储能器、二甲醚）汽车等品种，最新的标准也仅仅包括了可外接充电时混合动力电动汽车和纯电动汽车，其他类型的新能源汽车并没有涵盖。随着新能源汽车的迅猛发展，有必要建立更为全面的能效标识制度体系，实施范围进一步扩大，将所有新能源汽车全部涵盖进去。

现在，新能源汽车在世界各地的使用越来越广泛，应该将所有新能源汽车纳入汽车能效标识制度。新能源的计量单位有很多，对一般消费者来说，最重要的是，通过能效标识既能了解新能源汽车的能效信息，又能将其和传统动力汽车进行比较。发达国家如美国，其现行汽车能效标识制度用来完善的测试工况和算法，涵盖了所有类型的新能源车辆。我国应设计合理的汽车能效标识，将新能源汽车和传统动力汽车的能效进行比较，从而推动消费者购买新能源汽车，这也是健全完善汽车能效标识制度的必然趋势。此外，能效标识应当着重体现新能源汽车的节能性和经济性，不断引导大众绿色消费和绿色出行理念。

中重型汽车能效标识制度的建立和实施也是扩展汽车能效标识范围的重要方面，我国还未对耗能更多的中重型汽车出台能效标识相关政策。轻型汽车能效标识制度已从 2009 年开始执行，取得了一定的经验，对中重型汽车能效标识制度可提供一定参考，我国于 2015 年发布了《重型商用车燃料消耗量限值》，为实施中重型汽车能效标识制度奠定了基础。随着我国汽车产业的飞速发展，能源短缺和环境污染问题日益严重，出台中重型汽车能效标识制度刻不容缓。

7.3.2 完善二手车能效评估

近年来，我国经济快速发展，人民生活水平逐渐提高，凭借庞大的人口基数，我国已经成为世界上最大的汽车生产国和最大的汽车消费市场。然而，与不断增加的汽车保有量相比，我国二手车市场却极不健全。从 20 世纪末开始，我国才有二手车交易市场，起步较晚，发展较慢，与国外成熟的汽车市场相比，存在诸多问题。从理论上说，二手车价格便宜、交易便利、选择多样，应当有较为广阔的市场空间，而且重复利用有助于节约资源、保护环境。目前，我国每年汽车需求量大约为 160 万辆，而纯新增汽车就高达一百多万辆，二手车交易在市场占比过小。而在西方成熟的汽车市场，二手车交易量占整个汽车交易量的 70%左右[①]。2015 年，我国民用汽车拥有量已高达 1.63 亿辆[②]，随着汽车市场的飞速发展，我国的二手车交易必将越来越活跃，因此，完善二手车的能效评估，并制定符合二手车的能效标识，显得尤为必要。

目前，各国大多数汽车能效标识制度仅用于新生产汽车，只有新西兰对二手车有强制性能效要求，美国则只是鼓励二手车粘贴自愿性能效标识。为二手车实施能效标识制度，对提高车辆整体的能效水平肯定有积极的作用，即使是在二手车市场，能效标识也能推动消费者选择相对节能的汽车，降低了耗能汽车的需求，最终可能导致这些汽车被完全淘汰。消费者在购买新汽车时也会更关注能效信息，因为这关系到他们转卖汽车时的价格。

综上所述，为了使我国汽车能效标识制度的影响最大化，能效标识制度的范围应该包括所有动力的乘用车，除了新生产汽车外，二手车也应该纳入其中。我国应该根据汽车市场现状，逐渐将汽车能效标识制度涵盖范围扩大到所有类型的车辆。

目前我国二手车市场存在质量差、交易秩序混乱、不易监管等问题，并未同新车一样实施统一的能耗限值标准。在二手车市场的能效标识制度的建立过程中，标准制定、测评程序以及惩罚措施相较于新车更为复杂，但出于节能环保的考虑，应考虑对二手车实施同新车一样的标准，并参加和新认证车一样的能效测评，最终采取统一的能效标识。此外，还应当完善二手车交易市场，从根源上杜绝高能耗、高排放的二手车流入市场。同时，对超过一定使用年限的二手车要及时重新评估，粘贴新的能效标识。

7.4　中国现行汽车能效标识制度整体实施效率的提高

7.4.1　力争城乡能效标识制度实施的一致性

为了更好地实施汽车能效标识制度，使交通领域的节能做得更好，必须保

① 陈可思，盛韩萍，陈艺轩，等．私人汽车拥有量与二手车市场发展［J］．市场研究，2016(8)：10−12.

② 中华人民共和国国家统计局．中国统计年鉴 2016［M］．北京：中国统计出版社，2016.

证城乡的执行和监管一致，避免在城市无法行驶的高能耗汽车转移到乡村。目前，国家和各地方政府为了节能减排和降低污染，不断加大黄标车（即排放量大、污染程度高、浓度高、稳定性差等达不到国家排放标准的车）的整治力度，出台了一系列措施，然而黄标车这类高能耗、低能效汽车，在乡村仍有很大的使用空间。建立完善的汽车能效标识制度，一方面可以从根源上减少这类高能耗汽车进入市场的机会；另一方面可以通过严格的监管体系去压缩黄标车的使用空间，有助于黄标车问题的解决。

现在，我国多数城市的主城区已经鲜有黄标车的踪迹，截至 2015 年 6 月底，所有地级及以上城市实施黄标车限行、禁行①。然而在广大的乡村地区，黄标车仍在大范围使用，缺乏一定的监管。其实早在 2013 年 9 月，国务院办公厅就非常重视黄标车和老旧车的淘汰工作，并将其列入了当年的《大气污染防治行动计划》，该计划规定到 2015 年，要淘汰 2005 年底前注册营运的黄标车，并基本淘汰京津冀、长三角、珠三角等区域内的 500 万辆黄标车；到 2017 年，基本淘汰全国范围内约 600 万辆黄标车和老旧车辆②。为了响应国家号召，各地方政府纷纷出台各类政策如限行、补贴等，开始逐步淘汰黄标车。然而，各地方政府在执行这一政策时，却遇到相当大的阻力。

黄标车虽然尾气超标排放、能耗高，但仍然属于车主的私有财产。各地方政府在加快淘汰黄标车和老旧车辆的工作中，如果强行报废，必将引起政府公权力与车主私有权的冲突。2012 年 12 月 27 日，商务部发布《机动车强制报废标准规定》，这是我国目前强制报废机动车的法律基础，然而该标准规定的报废条件主要针对机动车的使用年限和行驶里程，并没有涉及能效方面。因此，各地方政府应采取更多措施引导车主淘汰黄标车，限行和补贴就是其中的主要手段。目前，全国绝大多数城市城区都已经实现了黄标车全天 24 小时的限行，包括很多国道、省道、乡道也都严格限制黄标车上路，利用限行时间的延长和限行范围的扩大，逐渐压缩黄标车的使用空间；同时，一些地方政府还采取财政补贴的方式鼓励车主淘汰黄标车，如 2016 年，重庆市对每辆淘汰的黄标车补贴 1000 元到 3600 元不等③。

---

① 六部委印发《2014 年黄标车及老旧车淘汰工作实施方案》[EB/OL]. [2014-09-18]. http://www.gov.cn/xinweh/2014-09/18/content_2752665.htm.

② 国务院关于印发大气污染防治行动计划的通知[EB/OL]. [2014-09-10]. http://www.jingbian.gov.cn/gk/zfwj/gwywj/4p211.htm?from=timeline.

③ 重庆市环保局．重庆市人民政府办公厅关于印发重庆市黄标车及老旧车淘汰工作方案（2016—2017 年）的通知[EB/OL]. [2016-08-23]. http://fj.cq.gov.cn/publicity_2qsrmzfbgt/jtgyxxh/jt/2835.

黄标车的淘汰工作虽然取得一系列进展，然而大量黄标车车主在面对政府相对较少的淘汰补贴时，宁愿选择将车作为二手车卖到乡村，相对较高的卖价可以使车主获得更多利益。另外，二手车市场可以对黄标车进行改装，伪造完备手续，也使得大量黄标车能避开限行和禁行的限令重新上路，在城市周边及城市之间运转。这种对策使得污染在城乡之间不断扩大转移，无法达到交通领域的实质性的节能减排。

为了应对黄标车淘汰过程中存在的问题，各地政府应疏堵结合。一方面，要疏，“研究制定便民服务措施，采取提前告知、简化流程、开辟绿色通道等措施，方便车主淘汰黄标车和老旧车”[①]，尽量避免车主为了更多利益将车辆卖往乡村或者城市周边地区，防制污染的转移；另一方面，要堵，加大执法力度，严厉打击二手车地下交易、非法改装等行为，做到联防联控。

如果我国汽车能效标识制度实施之后，各类能效低、排放高的车辆为了逃避城市的监管而转移到乡村，那么汽车能效标识制度的作用将大打折扣，因此，应力争城乡之间能效标识制度的统一执行，避免再次出现上述淘汰黄标车的过程中出现的各种问题。

7.4.2　完善能效数据的审查，加大处罚力度

要建立严格的能效数据审查制度，对违反法规的汽车生产商处以严格的处罚。我国可以借鉴国际经验，一方面，采用对不达标企业进行罚款或者公告批评进行燃料消耗量标准管理；另一方面，采用非经济手段辅助管理。例如，美国和加拿大针对年终检测不合格的汽车生产商，吊销产品型式认证；日本对检测不合格的汽车生产商采取公开点名批评、责令整改等方式。如果实施过分严苛的标准制定和处罚制度，虽能起到节能减排的积极作用，但会给企业造成负担，影响企业的生产积极性；如果实施企业很容易就能达到的标准，那么政策的激励作用也会形同虚设。

其实在多数国家，从生产商或者经销商处获得不实信息的消费者应依法享有追索权，如有必要，可以提起法律诉讼。在此之前，更应该有相应的政府机构来确保厂商粘贴样式符合法律规范、信息真实可靠的能效标识。如果把对已

---

① 环境保护部、公安部、国家认监委关于进一步规范排放检验加强机动车环境监督管理工作的通知部[EB/OL]. [2017－07－31]. http://www.cnca.gov.cn/bsdt/ywzl/jyjcjggl/gztz_1073/201608/t20160810_52063.html.

认证车型进行抽查纳入法规强制执行，同时确定最低限度的抽查样本数量，将有助于强化政府机构对汽车能效标识制度的监管。另外，消费者群体可以在监控汽车能效标识的执行上发挥重要作用，作为政府监管工作的补充。

实施能效标识制度的各个环节，对于违反法规的情况，政府机构除了按规定实施处罚措施外，还应该有完善的制度进行信息的公开，持续跟进监督，确保错误被改正。总之，监管机构应该和汽车生产商、经销商以及消费者密切合作，共同推进汽车能效标识制度的实施。

7.4.3 加强汽车能效标识制度的宣传

为了更好地体现汽车能效标识制度引导公众绿色消费的作用，在制定各类规章和标准的同时，也应对消费者加强汽车能效知识的宣传，提高公众对汽车能效标识制度的认知。消费者在实际购买中，除了考虑价位、空间格局等因素外，随着公众环保意识的增强，汽车能效也应成为消费者着重考虑的因素。

为加强我国汽车能效标识制度的宣传，针对我国消费者可以做以下几点：

第一，通过建立政府和消费者互联互通的网站，提供汽车能效标识制度相关信息。能效标识受限于其样式的大小，只能提供有限的信息，而一个包含了各种各样关于汽车能效标识制度信息的网站，能保证消费者可以浏览到远超过一个能效标签的信息。在信息技术高度发达的今天，越来越多的消费者在去4S店之前，会选择先在网上搜索信息研究车型。因此，为我国用户提供一个有详尽的汽车能效标识相关信息的网站显得十分重要。此外，网站也可以作为消费者和政府沟通的平台，消费者可以上传实际行驶的汽车能效数据供相关机构研究，也可以披露、举报违法违规的汽车生产厂商，发挥监督作用。网站的功能越齐全，受众面越广，越有利于信息的公开透明，越有利于能效标识制度的完善。

第二，通过政府力量强制要求汽车宣传中必须纳入能效信息，要求汽车生产商和经销商在其网站上提供所售车辆能效标识信息的详细解读。这样，可以有效提高汽车能效标识制度的认知度。另外，电视、杂志、报纸等媒介也应发挥一定的宣传作用。

第三，完善与消费者直接沟通的渠道。通过收集消费者的反馈信息，可以有助于了解汽车能效标识制度潜在的设计缺陷，检验汽车能效标识制度的有效性，推动汽车能效标识制度的进步。同时完善消费者反馈管理系统，确保有价值的意见得到及时回应。政府应当为消费者的投诉确立一个标准的处理程序，如果发现有违反法规的情况，应立刻着手调查，不消极怠政。此外，有必要公开政府和消费者之间的沟通信息，以增强沟通渠道的透明性。

近些年，我国空气污染问题日益严峻，受到民众高度重视，汽车尾气排放无疑是重要原因之一，为了降低交通能耗、减少空气污染和碳排放，在汽车领域完善能效标识制度势在必行。目前，汽车能效标识并未家喻户晓，为了让节能环保深入人心，最大限度地发挥政策的积极作用，政府应当大力推广汽车能效标识的相关知识，加强对消费者的宣传。

第 8 章　中国建筑能效标识制度的健全和优化

城市化发展带来了建筑业的兴盛，建筑用能增加又引发了一系列能源消耗和环境污染问题。为了解决这一矛盾，西方发达国家纷纷出台相关能效制度。早在 2002 年 12 月，欧洲议会和欧盟理事会在布鲁塞尔就通过了《欧盟建筑物能源性能指令（2002/91/EC)》①，欧盟成员国需要在特定时间内颁布相应法律法规强制实施节能证书制度（即建筑能效标识），规定建筑物在出售和租赁时必须有建筑节能证书，以便消费者比较和评价建筑物的能耗情况。节能证书制度获得欧盟成员国一致好评，并快速顺利地推行下去，节能效果显著。美国“能源之星”制度通过引入独立第三方测评机构对建筑物进行能效测评，也成为自愿性保证标识的成功典范。发达国家建筑能效标识制度的设计和运行经验，值得我国借鉴学习。

近年来，我国城市化进程加快，推动了建筑业的发展，在满足市场需求的同时也带来了能源消耗和环境污染的双重难题。如何在低碳经济背景下控制建筑物的能耗，已经成为我国节能减排和环境治理的重中之重。借鉴国外经验，我国正在探索建立健全建筑能效标识制度。2008 年，住房和城乡建设部主导建立了民用建筑能效测评标识制度，随后又推出了绿色建筑评价标识制度和绿色建材评价标识制度。这三大制度同属自愿性建筑节能政策，但存在分散运行、不成体系的问题，民众认知度也较低，在推广实施过程中局限性较大。可见，我国亟待建立一套完整成体系、具有强制性、认可度高的建筑能效标识制度。

---

① Parliament E. Directive 2002/91/EC of the European parliament and of the council of 16 December 2002 on the energy performance of buildings[EB/OL]. http://www.progetto2000web.it/assets/repository/normativa/approfondimenti/gl10－7.pdf.

8.1　健全中国建筑能效标识制度的迫切性

经济发展带动城市化进程加快，城市规模扩张又需要建筑业提供基础支撑。如今，建筑业不仅对经济发展做出巨大贡献，同时还具有广泛的产业关联性，已经渗透到社会生产的各个领域和生活的方方面面，成为我国国民经济的支柱产业。然而，我国建筑业仍属于高耗能、高污染行业，会带来巨大的资源浪费和环境污染，是当前迫切需要转型升级的行业之一。

8.1.1　建筑产业的重要性

建筑业是我国经济发展的重要支柱产业。投资是拉动经济增长的三大马车之一，而固定资产投资则在投资中发挥关键作用。建筑业是典型的高固定资产投入行业，我国基本建设投资有一半以上是由建筑业来完成的[①]，其具有较强的经济带动效应。通过分析 2006—2015 年我国建筑业固定资产投资、总产值数据（表 8—1），不难看出，2015 年建筑业固定资产投资、总产值分别达到了 4896.7 亿元、180758 亿元，与 2006 年的规模相比翻了 2 倍。可见，建筑业固定资产投资对经济的拉动效应极大。

表 8—1　我国建筑业 2006—2015 年发展趋势表　　（单位：亿元）

年份	2006	2007	2008	2009	2010	2011	2012	2013	2014	2015
固定资产投资	1125.5	1302.3	1555.9	1992.5	2802.5	3357.1	3739.0	3669.8	4125.8	4896.7
总产值	41557	51044	62037	76808	96031	116463	137218	160366	176713	180758
增加值	12450	15348	18808	22682	27259	32927	36896	40897	44881	36065

资料来源：国家统计局。

建筑产业具有较高产业关联度。其一，建筑业贯穿国民经济生产、流通、分配和消费的各个环节，能够对经济增长产生极大的拉动力。据统计资料，一

① 2015—2020 年中国建筑行业市场分析与发展战略研究报告[EB/OL]. [20115－02－05]. https://wenku.baidu.com/view/5475169f6294dd88d1d26b1f.html?re=view.

般建筑业年平均增长速度能将国民生产总值增长速度提高2～3个百分点。[①] 其二，建筑业与其他经济部门紧密联系，国民经济各个领域需要建筑业的支撑，如工业企业生产加工所需的厂房、仓库等，其他物质生产部门设备的安装、使用也都离不开建筑业的支持。其三，建筑业跨产业关联性高，建筑业不仅带动各物质生产部门以及运输业发展，大规模资金流动还将带动金融、结算等生产性服务业发展。

8.1.2 提高建筑能效的重要性

首先，提高建筑能效有助于规范建筑市场。目前我国正处于经济高速发展和城镇化进程加快的重要阶段，建筑市场规模日趋扩大，从2005—2014年的数据来看，我国建筑业房屋施工面积呈现逐年快速增长的趋势，在十年的时间内增长了2倍。若保持这种增速，到2020年，我国建筑业房屋施工面积可能高达300亿平方米。在百亿级面积规模的情况下，现有能效水平良莠不齐、高能耗建筑普遍存在的问题，将给建筑市场的健康发展埋下隐患，因此，必须提升建筑能耗水平，减轻建筑能耗和污染带来的节能减排压力。

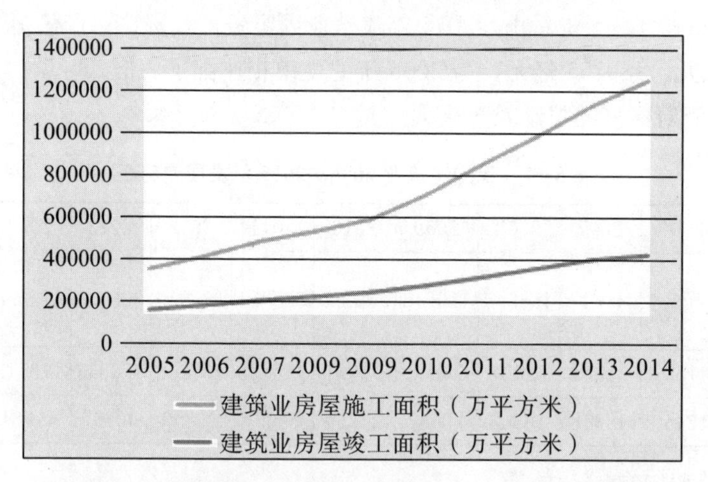

图8－1　我国建筑业房屋施工面积及竣工面积增长趋势图

（资料来源：国家统计局）

其次，提高建筑能效有助于提升我国能效管理水平。为了有效节约及高效利用能源，我国已经成功在家用电器及设备领域推行能效标识制度，并取得了

① 陈媛媛．公益项目，钱景广阔否？[N]．中国环境报，2015-02-15.

较好的效果。然而，建筑领域的能效管理标准还不够完善，普遍存在行业标准约束力小、绿色建筑数量份额低、节能建筑材料与技术应用范围窄等问题，节能减排效果甚微，无法满足现有规模市场对节能标准化的需求。

最后，提高建筑能效有助于完成节能减排目标。建筑业具有能耗高的特点，建筑能耗总量在我国能源消费总量中的份额已超 30%①。同时，建筑业又是高污染行业，被环境领域专家认定为煤炭、石油等化工原料高消耗的部门，会对环境带来较大负面影响。据统计，2014 年，我国建筑业煤炭消费总量、石油消费总量分别达到了 913.6 万吨、3311.9 万吨；建筑业电力消费总量则在十年内增长了 3 倍，达到 698.67 亿千瓦时（表 8−2）。预计到 2020 年年底，全国房屋建筑面积将新增 300 亿平方米②。值得注意的是，我国建筑领域耗能总量大、增速快，但能源利用率低，节能减排任务重。特别是在 2016 年《巴黎协定》签署并于 11 月 4 日正式生效之后，我国将承担更为艰巨的减排任务，提高建筑能效刻不容缓。

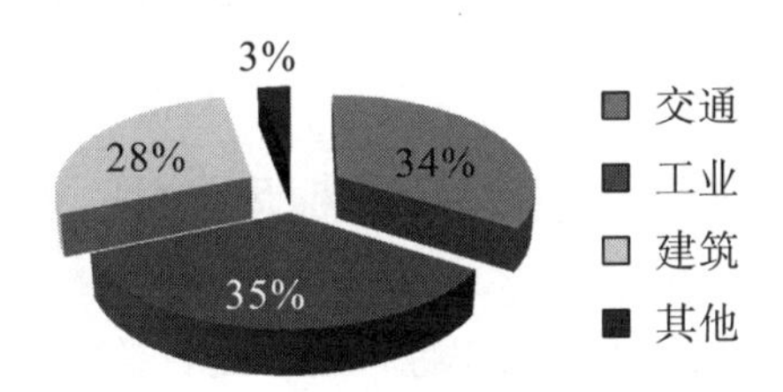

图 8−2　我国各领域能耗比重

（资料来源：http://www.chinagb.net/zt/qita/2013zgljbz/index.shtml）

表 8−2　建筑业能源消耗表

年份	2005	2006	2007	2008	2009	2010	2011	2012	2013	2014	2015
建筑业能源消费总量（万吨标准煤）	3403	3760.7	4127.5	3812.5	4562	5309.3	5872.2	6167.4	7107.0	7519.6	7696.0
建筑业煤炭消费总量（万吨）	603.6	651.99	615.33	603.18	635.59	718.91	781.81	753.41	811.39	913.6	878.0

① 2014 年建筑能耗占我国能源消费总量 30% 以上 [EB/OL]. [2015−10−27]. http://www.china−esi.com/news/57651.html.

② 关于印发《绿色建筑评价标识管理办法》（试行）的通知[EB/OL]. [2007−08−28]. http://www.gov.cn/zwgk/2007−08/28/comtent _ 729148.htm.

续表8-2

年份	2005	2006	2007	2008	2009	2010	2011	2012	2013	2014	2015
建筑业石油消费总量（万吨）	1502	1648.5	1823.1	1517.5	1942.3	2483.1	2521.8	2740.7	3090.6	3311.9	3507.5
建筑业天然气消费总量（亿立方米）	1.49	1.66	2.09	0.99	0.97	1.16	1.28	1.26	1.98	1.88	2.16
建筑业电力消费总量（亿千瓦时）	233.9	271.05	309	367.34	421.9	483.24	571.82	608.4	675.07	721.67	698.67

资料来源：国家统计局。

8.2 中国建筑能效标识制度发展现状及问题分析

8.2.1 中国现行建筑能效标识制度的发展现状

《中华人民共和国实行能源效率标识的产品目录》并未包含建筑领域的标识，目前我国建筑领域相关能效标识制度主要由住房和城乡建设部主管并制定，包括民用建筑能效测评标识、绿色建材评价标识、绿色建筑评价标识三项。这三项能效标识制度未形成统一体系，并且都属于自愿性能效标识制度，民众知名度较低，影响力偏弱，缺乏较高的市场认可度。

8.2.1.1 民用建筑能效测评标识

我国最早在2006年提出了建筑能效标识及其测评制度，也是当前最为重要的建筑领域能效标识。《国务院关于加强节能工作的决定》（国发〔2006〕28号）指出，“加快实施强制性能效标识制度，扩大能效标识在家用电器、电动机汽车和建筑上的应用”。到2007年，《国务院关于印发节能减排综合性工作方案的通知》（国发〔2007〕15号）又明确提出了“实施建筑能效专项测评”的工作任务。为了贯彻落实这一任务，住房和城乡建设部于2008年4月发布了《民用建筑能效测评标识管理暂行办法》和《民用建筑能效测评机构管理暂行办法》，并给出了民用建筑能效测评标识证书样式（图8-3）。

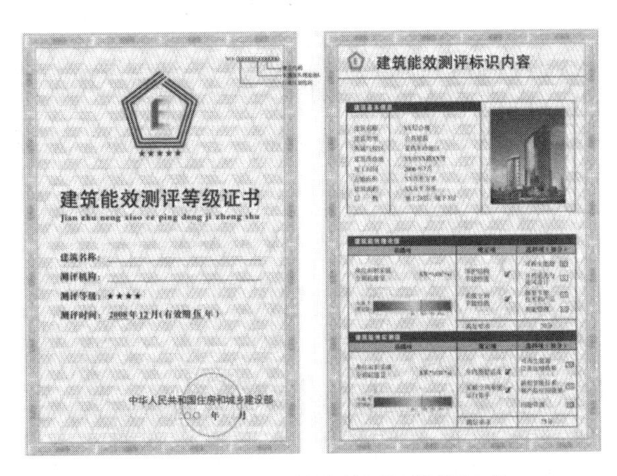

图 8-3　我国建筑能效测评等级证书

此后，2008 年 6 月，为了能够落实《民用建筑能效测评标识管理暂行办法》，住房和城乡建设部又印发了《民用建筑能效测评标识技术导则》(试行)，其将民用建筑能效测评标识分为理论值标识和实测值标识两个阶段。其中，按基础项、规定项和选择项对公共建筑和居住建筑分开进行测评，测评结果按分数高低分为五个星级。2008 年 8 月，国务院发布的《民用建筑节能条例》中，进一步提出“国家机关办公建筑和大型公共建筑的所有权人应当对建筑的能源利用效率进行测评和标识，并按照国家有关规定将测评结果予以公示，接受社会监督”的要求。

表 8-3　建筑能效标识制度相关标准

标准层面	标准名称及标准号	性质
基础标准	GB 50178—1993《建筑气候区划标准》	国家标准
	JG/T 358—2012《建筑能耗数据分类及表示方法》	行业标准
通用标准	GB 50189—2005《公共建筑节能设计标准》	国家标准
	JGJ 26—2010《严寒和寒冷地区居住建筑节能设计标准》	行业标准
	JGJ 75—2012《夏热冬暖地区居住建筑节能设计标准》	行业标准
	JGJ 134—2010《夏热冬冷地区居住建筑节能设计标准》	行业标准

续表8-3

标准层面	标准名称及标准号	性质
专用标准	GB/T 50668—2011《节能建筑评价标准》	国家标准（工程标准）
	GB/T 50824—2013《农村居住建筑节能设计标准》	国家标准（工程标准）
	DBJ 01-602—2004《居民建筑节能设计标准》	地方标准
	JGJ/T 132—2009《居住建筑节能检测标准》	行业标准
	JGJ 176—2009《公共建筑节能改造技术规范》	行业标准
	JGJ/T 288—2012《建筑能效标识技术标准》	行业标准
	GB 19576—2004《单元式空气调节机能效限定值及能源效率等级》	国家标准《产品标准》
	GB 21454—2008《多联式空调（热泵）机组能效限定值及能源效率等级》	国家标准《产品标准》
	GB/T 31345—2014《节能量测量和验证技术要求 居住建筑供暖项目》	国家标准《产品标准》

资料来源：国家工程建设标准化信息网，www. ccsn. gov. cn。

目前，我国在建筑能效标识领域最新的行业标准：2012 年住房和城乡建设部印发的《建筑能效标识技术标准》（JGJ/T 288—2012），于 2013 年 3 月 1 日正式实施。该标准将居住建筑和公共建筑的能效标识都划分为三个等级，测评基础主要包括基础项、规定项和选择项：在规定项均满足国家有关标准的条件下，基础项的相对节能率 η[①] 处于 0～15％之间的，标识为一星；当相对节能率 η 处于 15％～30％之间时，标识为二星；当 η 大于等于 30％时，标识为三星；另外，选择项若得分超过 60（居住建筑满分 130，公共建筑满分 150），则再加一星[②]。如表 8-4 所示。新标准的出台进一步推动了我国民用建筑能效标识制度的发展，但我国民用建筑能效标识制度整体进展缓慢，仅上海和江苏在推进制度完善方面做出较大努力。

① 相对节能率用 η 表示，《建筑能效标识技术标准》（JGJ/T 288—2012）给出的概念是：标识建筑全年单位建筑面积能耗与比对建筑全年单位建筑面积能耗之间的差值，与比对建筑全年单位建筑面积能耗之比.

② 中华人民共和国住房和城乡建设部，中华人民共和国工业和信息化部．绿色建材评价技术导则（试行）（第一版）［EB/OL］.［2015-10-14］. http://www. mohurd. gov. cn/ujfb/201510/t20151022_225340. html.

表 8-4　我国居住建筑和公共建筑能效标识等级

基础项（η）	规定项	选择项	等级
$0\leqslant\eta<15\%$	均满足国家现行有关建筑节能设计标准的要求	若得分超过 60 分则再加一星（居住建筑满分 130 分，公共建筑满分 150 分）	☆
$15\%\leqslant\eta<30\%$			☆☆
$\eta\geqslant30\%$		—	☆☆☆

资料来源：《建筑能效标识技术标准》（JGJ/T 288—2012）第三部分：基本规定。

8.2.1.2　绿色建材评价标识

绿色建材是指在全生命周期内可减少对天然资源消耗和减轻对生态环境影响，具有“节能、减排、安全、便利和可循环”特征的建材产品[①]。在建筑领域，建材是消耗能源的主要部分，也是影响生态环境的重要污染源，因此，制定相应的绿色建材评价标识制度、引导绿色消费已经成为我国建筑领域节能的迫切需求。

2013 年 1 月 1 日，国务院办公厅转发了国家住房和城乡建设部（以下简称“住建部”）和国家发展和改革委员会制定的《绿色建筑行动方案》（以下简称《行动方案》），大力发展绿色建材是《行动方案》最为重要的内容。2014 年 5 月，国家住房和城乡建设部、国家工业和信息化部联合发布了《绿色建材评价标识管理办法》，规定绿色建材标识包括证书和标志，具有可追溯性。标识的式样与格式由国家住房和城乡建设部与工业和信息化部共同制定。2015 年 8 月，两部委再次印发《促进绿色建材生产和应用行动方案》，明确提出要开展绿色建材评价标识行动，并在该年 10 月联合发布了《绿色建材评价标识管理办法实施细则》（以下简称《细则》）和《绿色建材评价技术导则（试行）》第一版（以下简称《导则》），开启了我国最新的绿色建材评价标识行动。

《导则》规定了砌体材料、保温材料、预拌混凝土、建筑节能玻璃、陶瓷砖、卫生陶瓷、预拌砂浆七类建材产品的评价技术要求，并明确规定我国的绿色建材评价标识分为三个星级。与绿色建筑评价标识类似，绿色建材的评价采用控制项、评分项和加分项三种评价指标。控制项是所有参评产品都必须达到的一项指标，评分项总分为 100 分，加分项总分为 5 分。最后计算总分数，按总分数的高低评出星级。如表 8-5 所示。

---

① 饶蕾，李传忠．欧盟建筑节能证书制度对我国的启示［J］．四川大学学报（哲学社会科学版），2015（6）：86-94.

表 8-5　绿色建材评价标识等级划分

等级	★	★★	★★★
总分值 Q 区间	$60 \leq Q < 70$	$70 \leq Q < 85$	$Q \geq 85$

资料来源：《绿色建材评价技术导则（试行）》（第一版）。

《细则》规定，绿色建材的评价本着自愿原则，要求有意向的企业主动向评价机构申请，评价机构在审查合格后进行评价，并颁发全国统一通用的绿色建材标识。2016 年住建部、工业和信息化部颁发的第一批三星级绿色建材标识证书和标识样式[①]如图 8-4 所示。

绿色建材评价标识证书

绿色建材评价标识证书

图 8-4　绿色建材评价标识和证书

8.2.1.3　绿色建筑评价标识

绿色建筑是指在建筑的全寿命周期内，最大限度地节约资源（节能、节地、节水、节材）、保护环境和减少污染，为人们提供健康、适用和高效的使用空间，与自然和谐共生的建筑[②]。2003 年，清华大学、中国建筑科学院等 9 家单位联合出版了《绿色奥运建筑评估体系》，对绿色建筑进行阐述和论证。随后，我国绿色建筑评价体系在全国开展，并取得了显著成效。表 8-6 列出了绿色建筑评价标识发展中的政策文件。

---

① 全国绿色建材评价标识管理信息平台（http://www.lsjcpjbs.org）；中国砂浆网（http://www.mortar.cn）.

② 《绿色建筑评价标准》（GB/T 50375—2006）.

表8−6　绿色建筑评价标识发展中的政策文件

制定时间	政策文件	制定部门	相关规定或意义
2004年8月	《全国绿色建筑创新奖管理办法》《全国绿色建筑创新奖实施细则》	住房和城乡建设部	制定并颁发绿色建筑创新奖，开启了我国的绿色建筑评价工作
2006年3月	《绿色建筑评价标准》(GB/T 50738—2006)	住房和城乡建设部、市场监督管理总局	我国第一个关于绿色建筑评价的国家标准
2007年8月	《绿色建筑评价技术细则》(试行)、《绿色建筑评价标识管理办法》(试行)	住房和城乡建设部	确定绿色建筑评价的组织管理、申请程序和监督检查等机制，建设部统一颁发绿色建筑证书和标志（挂牌）
2008年6月	《绿色建筑评价技术细则补充说明（规划设计部分)》	住房和城乡建设部	对2007年《绿色建筑评价技术细则》规划设计方面进行补充
2008年10月	《绿色建筑评价标识实施细则（试行修订)》《绿色建筑评价标识使用规定(试行)》《绿色建筑评价标识专家委员会工作规程(试行)》	住房和城乡建设部	对绿色建筑评价标识的使用，以及专家委员会的工作做出了规定，是我国绿色建筑评价标识制度的一次完善
2009年6月	《一二星级绿色建筑评价标识管理办法（试行)》	住房和城乡建设部	住房和城乡建设部统一制定标志和证书，各省市一、二级绿色建筑报住房和城乡建设部备案，统一编号管理
2009年9月	《绿色建筑评价技术细则补充说明（运行使用部分)》	住房和城乡建设部	对2007年《绿色建筑评价技术细则》运行使用部分进行补充
2010年12月	《全国绿色建筑创新奖实施细则》《全国绿色建筑创新奖评审标准》	住房和城乡建设部	重新规划并明确了绿色建筑创新奖的申请和评审
2012年4月	《关于加快推动我国绿色建筑发展的实施意见》	财政部、住房和城乡建设部	完善绿色建筑评价体系，对高星级绿色建筑给予财政奖励。是我国对绿色建筑财政奖励制度的完善
2013年1月	《绿色建筑行动方案》	发展和改革委员会、住房和城乡建设部	阐述了发展绿色建筑的重要意义、指导思想、主要目标、基本原则以及保障措施。是一份全面的建筑节能行动纲领

续表8-6

制定时间	政策文件	制定部门	相关规定或意义
2013 年 4 月	《“十二五”绿色建筑和绿色生态城区发展规划》	住房和城乡建设部	规定一些公共建筑率先执行绿色建筑标准，“十二五”期间选择 100 个城市新建区域按绿色生态城区规划建设
2013 年 12 月	《住房城乡建设部关于保障性住房实施绿色建筑行动的通知》	住房和城乡建设部	规定 2014 年起满足一定条件的保障性住房应率先实施绿色建筑行动
2014 年 4 月	《绿色建筑评价标准》(GB/T 50738—2014)	住房和城乡建设部、市场监督管理总局	对 2006 年的标准进行更新，是我国目前最新的关于绿色建筑评价的国家标准
2015 年 11 月	《被动式超低能耗绿色建筑技术导则（试行）（居住建筑）》	住房和城乡建设部	借鉴德国等国外被动式超低能耗建筑节能技术，为我国被动式超低能耗绿色建筑的建设提供指导

资料来源：根据住房和城乡建设部官网汇总。

绿色建筑评价标识制度相较于建筑能效测评标识制度、绿色建材评价标识制度，要求更高也更为成熟。首先，建筑能效测评标识制度和绿色建材评价标识制度相比，绿色建筑评价标识制度内涵更广、周期更长，是我国建筑领域节能的主要突破口。2006 年的标准将绿色建筑评价分为节能与室外环境、节能与能源利用、节水与水资源利用、节材与材料资源利用、室内环境质量和运营管理六大指标体系；2014 年的新版标准中又增加了“施工管理”类指标。根据 2014 年的最新标准，这 7 类指标均包括控制项和评分项，评价指标体系统一设置加分项。其中，申请绿色建筑评价都必须满足所有的控制项要求，而且 7 类指标中的每类指标的评分项都不能低于 40 分，最后当绿色建筑总得分达到 50 分、60 分、80 分时，绿色建筑等级分别评为一星级、二星级、三星级。

其次，绿色建筑评价标识制度对应设立有专门管理机构。按照《绿色建筑评价标识使用规定（试行）》，住房和城乡建设部科技发展促进中心成立了绿色建筑评价标识管理办公室（以下简称“绿标办”），统一制定并管理全国的绿色建筑评价标识。目前，我国的绿色建筑评价标识分为“绿色建筑评价标识”[包括证书和标志（挂牌）] 和“绿色建筑设计评价标识”（仅有证书），如图 8-5所示。

图 8－5　三星级绿色建筑设计标识证书样式和三星级绿色建筑标识证书样式

最后，绿色建筑评价标准相对成规模体系。在绿色建筑评价标准方面，我国相较于西方发达国家起步较晚，但制定标准却相当接近国际标准。目前，美国的绿色建筑评估体系（LEED）被认为是世界上最完善、最有影响力的评估标准；英国绿色建筑评估体系（BREE－AM）、加拿大 athena 评估体系以及日本建筑物综合环境性能评价体系（CASBEE）也是国际上比较先进的评估标准。我国 2004 年版的《绿色建筑评价标准》经认证也相当接近国际先进水平，而且更符合我国特殊的地理环境。此外，为了及时更新并扩大绿色建筑评价的范围，更好地促进建筑节能领域的发展，住建部制定了众多更为具体、更有针对性的绿色建筑评价标准。

表 8－7　2010 年以来我国绿色建筑领域的相关标准

标准类别	标准编号	标准名称	施行日期
工程行标	JGJ/T 229—2010	民用建筑绿色设计规范	2011.10.01
工程国标	GB/T 50640—2010	建筑工程绿色施工评价标准	2011.10.01
工程国标	GB/T 50878—2013	绿色工业建筑评价标准	2014.03.01
工程国标	GB/T 50908—2013	绿色办公建筑评价标准	2014.05.01
工程行标	JGJ/T 328—2014	预拌混凝土绿色生产及管理技术规程	2014.10.01
工程国标	GB/T 50905—2014	建筑工程绿色施工规范	2014.10.01
工程国标	GB/T 50378—2014	绿色建筑评价标准	2015.01.01

续表8-7

标准类别	标准编号	标准名称	施行日期
工程国标	GB/T 51100—2015	绿色商店建筑评价标准	2015.12.01
工程国标	GB/T 51141—2015	既有建筑绿色改造评价标准	2016.08.01
工程国标	GB/T 51153—2015	绿色医院建筑评价标准	2016.08.01
工程国标	GB/T 51165—2016	绿色饭店建筑评价标准	2016.12.01
工程国标	GB/T 51148—2016	绿色博览建筑评价标准	2017.02.01
工程行标	JGJ/T 391—2016	绿色建筑运行维护技术规范	2017.06.01

资料来源：根据国家工程建设标准化信息网汇总。

8.2.2　中国现行建筑能效标识制度的执行效果

一是取得了阶段性成果。一方面，经过多年努力，我国既有建筑改造取得较好成绩，例如，2014 年，共完成北方采暖地区 2.1 亿平方米既有居住建筑供热计量及节能改造；又如，“十二五”前 4 年累计完成改造面积 8.3 亿平方米，超额完成国务院下达的“十二五”期间 7 亿平方米的改造任务。这离不开国家政策的支持，例如，加强建筑改造的法律保障、资金支持、监督管理等。另一方面，自 2008 年住建部公布第一批绿色建筑设计评价标识项目以来，我国绿色建筑评价标识制度获得了一定社会认可度，为建筑业节能减排做出了贡献。根据绿色建筑评价标识网（住建部科技与产业化发展中心主办）数据统计，截至 2016 年 9 月，全国已经累计有 4515 个绿色建筑标识项目，累计建筑面积达 52317 万平方米。

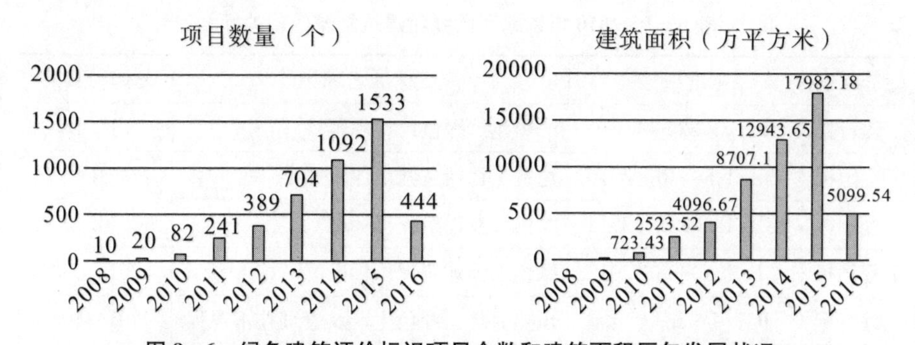

图 8-6　绿色建筑评价标识项目个数和建筑面积历年发展状况

（资料来源：绿色建筑评价标识网）

注：2016 年只有前 9 个月数据。

二是不同类型建筑改造效果不尽相同。不同类型建筑改造所面临的障碍不同，要对应采取不一样的管理政策。例如，对于大型公共建筑的节能改造就要依靠政府等公共部门的力量，以行政管制政策和管理性激励政策为主；而对于商用建筑或民用住宅的节能改造主要以经济性激励为主，效果一般并不显著。可见，对于公共建筑的节能改造要着眼于现实政策的落实，而对于商用建筑和居民住宅，要有足够的经济激励政策支持，减少业主改造既有建筑的各方面压力，分阶段、分步骤逐步实现各类型既有建筑的节能改造工作。如表 8－8 所示。

表 8－8　既有建筑节能改造的法律依据和主要政策手段以及存在的问题

既有建筑类型	法律依据和主要政策手段	存在的问题
公共建筑	《公共机构节能条例》 行政管制政策和管理性激励政策：遵守法律规定，按特定技术标准进行改造；资金支持；宣传培训；咨询服务；等等	政策落实情况不理想；监管部门重经济利益，轻节能改造；测评机构数据虚假；等等
商用建筑 居民住宅	《民用建筑节能条例》 经济性激励政策：税收优惠、财政补贴、贷款优惠、价格优惠等	改造耗资大、成本高，业主缺乏积极性；各类优惠和补贴落实不到位；公众节能意识薄弱；等等

三是实施效果地区差异大。从绿色建筑评价项目数量来看，江苏、广东、上海等东部或南部发达区域绿色建筑评价项目数量远远高出其他省市。尤其是江苏，截至 2016 年 9 月，其绿色建筑评价项目数量高达 905 个，占整体数量的 20％。地处内陆的新疆、青海、宁夏、西藏等省市绿色建筑项目数量匮乏，政策影响力十分微弱。我国绿色建筑评价项目的地区排名见图 8－7。

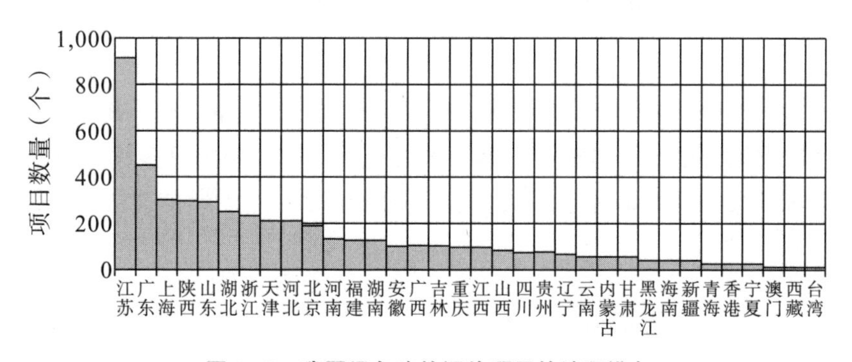

图 8－7　我国绿色建筑评价项目的地区排名

（资料来源：绿色建筑评价标识网）

从能效测评标识项目数量来看，上海、江苏以及天津三个省市的项目数量远远高出其他省市（图 8-8），一方面可能与政策的推广宣传有关，这些省市经济发达，市场机制和管理制度相对完善，再加上配套的财政激励政策，使得能效测评标识制度得到推广应用，对其他省市起到借鉴和指导作用。另一方面可以看出，我国绝大多数省市能效测评标识制度影响力极小，甚至并未受到政府的重视，下一步如何更好地在全国范围内展开建筑能效测评标识制度将成为我国相关部门的工作重点。

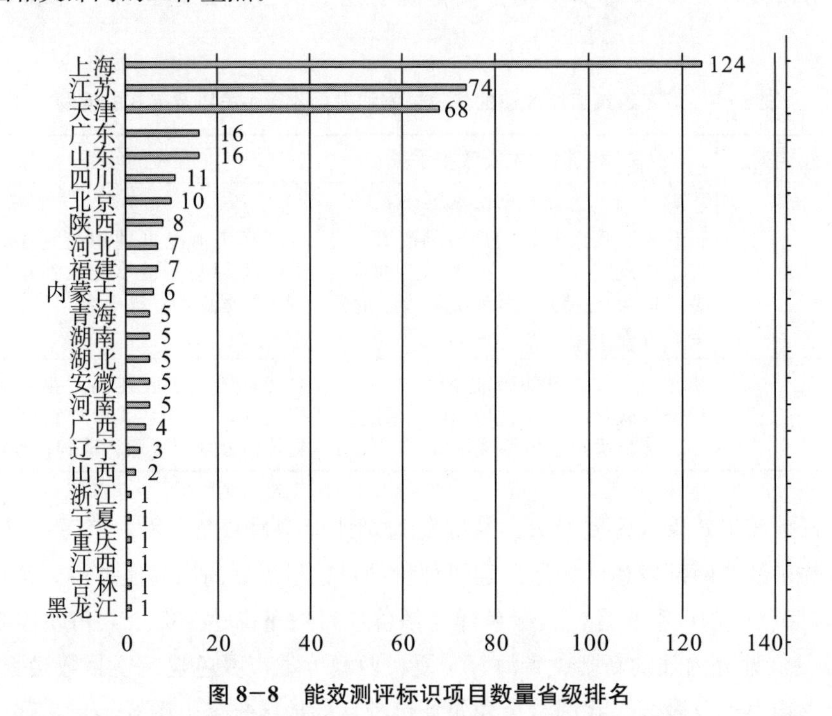

图 8-8　能效测评标识项目数量省级排名

（资料来源：根据住建部官网汇总）

四是高星级建筑所占份额偏低。从绿色建筑评价的星级来看，我国三星级项目所占份额相对偏低，一星级和二星级仍然是市场上的主流（图 8-9）。为了更大程度地挖掘我国建筑市场节能潜力，政府应当制定更多优惠政策和措施，逐步扩大三星级绿色建筑的比例，不断提高我国建筑整体节能水平。

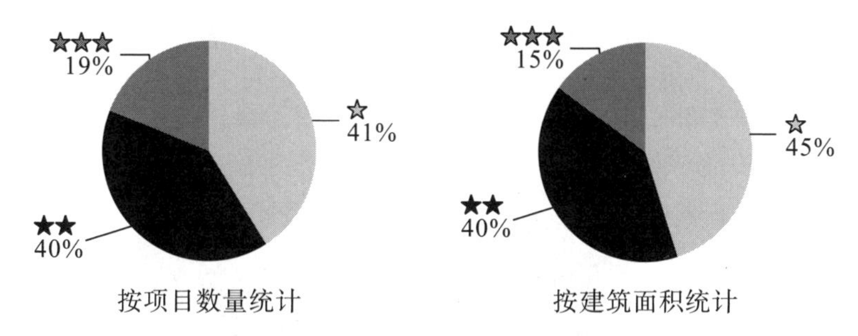

图 8－9　我国绿色建筑评价的星级分布

（资料来源：绿色建筑评价标识网）

从建筑能效测评标识项目星级分布来看，也不尽合理。如图 8－10 所示，三星级项目数量只占了 9%；一星级项目数量占比过大，高达 59%。因此，政府应当加大激励措施，鼓励更高能效、更加节能的建筑进入市场，逐步提高标准，这样才能良性引导我国节能建筑的可持续发展，如果长时间停留在较低的标准和能效等级，标识制度不能发挥激励作用，那么该制度的有效性将大打折扣。

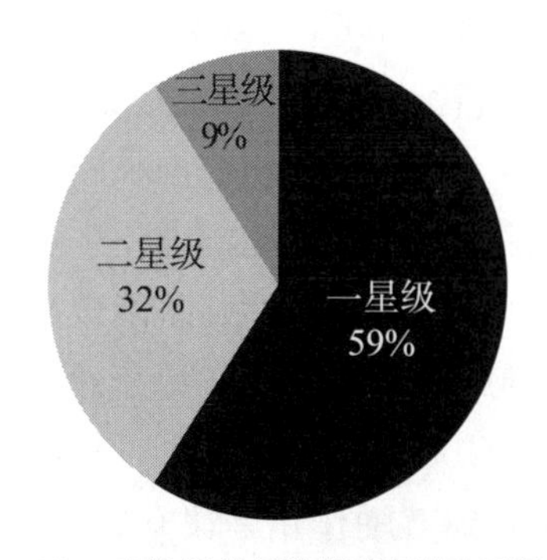

图 8－10　建筑能效测评标识项目星级分布

从具体建筑类型方面来看，居住建筑和公共建筑的星级分布也不相同。高星级的能效等级意味着更高的节能率和更显著的节能效益，公共建筑的星级分布相较于居住建筑，三星级项目占比小，一星级项目占比过大，说明公共建筑的能效水平低于居住建筑，如图 8－11 所示。这可能是因为公共建筑通常体量较大且体形系数较小，通过提高围护结构性能对能耗的影响相对而言较不明显①。

① 程杰，骆静文．基于建筑能效标识数据的研究与分析［J］．建筑科学．2015，31（12）：97－103.

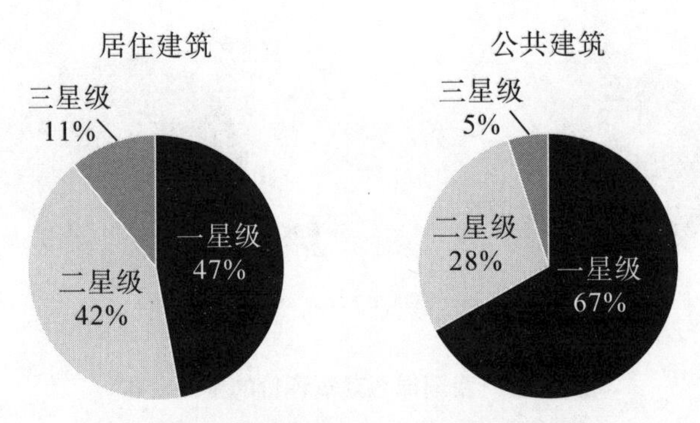

图 8-11　居住建筑和公共建筑的星级分布

8.2.3　中国建筑能效标识制度存在的问题

第一，建筑能效标识制度未被纳入《中华人民共和国实行能源效率标识的产品目录》（以下简称《目录》），缺乏强制执行力。2004 年，国家发展和改革委员会、国家市场监督管理总局和国家认证认可监督管理委员会三部委联合发布的《能源效率标识管理办法》（2004）以及 2016 年最新修订的《能源效率标识管理办法》（2016）是我国管理能效标识制度的总纲领，但未将建筑领域的标识扩充进《目录》。目前，我国主要由住建部主管并制定建筑领域相关标识制度，除了民用建筑能效测评标识，住建部近年来还大力推广绿色建筑评价标识和绿色建材评价标识，相较之下，民用建筑能效测评标识制度正在不断弱化和边缘化。此外，民用建筑能效测评标识、绿色建材评价标识和绿色建筑评价标识这三大主要建筑能效标识制度都是自愿型，影响力偏弱且主要局限在建筑行业，只能对部分建筑商起到激励作用，民众认知度不如《目录》里其他产品，也没有得到消费者的广泛认可。

第二，现有建筑能效标识制度适用范围偏窄。我国建筑按照功能分类，分为工业建筑和民用建筑，如图 8-12 所示。一方面，目前无论是民用建筑能效测评标识还是绿色建筑评价标识，都明确指出适用范围为民用建筑，并没有将工业建筑等其他建筑类型包含在内，建筑标识使用范围局限性较大。然而，工业建筑相较于民用建筑，往往耗能更多，随着城市建设速度加快，工业建筑数量也在不断攀升，工业建筑相关能效标识制度的缺失将会带来巨大的监管漏洞，影响全国节能减排目标的实现。另一方面，必须加快新的绿色建材评价标识规范的出台，将尽量多的建材种类纳入建筑能效标识制度范围内，并将这一范围进一步扩大，根据《绿色建材评价技术导则（试行）》（第一版），目前绿色建材评价标识的评价范围只有砌体材料、保温材料等 7 种类型，并未涵盖更多品种的建材产品，且不同地区实施效果差异较大，这个问题也亟待解决。

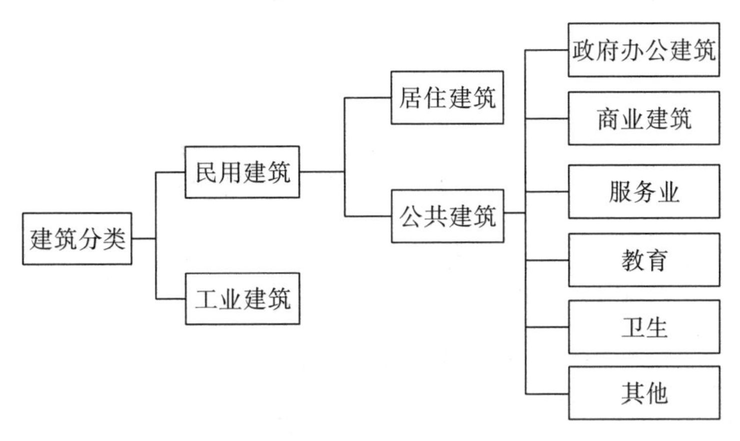

图 8－12　我国建筑分类

（资料来源：郎四维．公共建筑节能设计标准宣贯辅导教材［M］．北京：中国建筑工业出版社，2005）

第三，现行建筑能效标识制度内容重叠，缺乏协调统一。民用建筑能效测评和绿色建筑评价在节能环节的标准及测评方法有一定程度的重合，而住建部在未整合两者的基础上又推出绿色建材评价标识制度。一方面，三种能效标识制度具有重合的内容，却无说明；另一方面，三种能效标识制度各自发挥作用，较为混乱、分散，缺乏协调统一。这样，使得三种能效标识制度的影响力大打折扣，节能效果不佳。

第四，现行能效测评机制存在缺陷。一方面，民用建筑能效测评标识制度应用性较差。截至 2016 年，住建部官网只更新了 387 个项目。总体来看，我国现有民用建筑能效测评制度的实施仍停留在多年前的水平。另一方面，新旧建筑缺乏区别待遇。相较于西方发达国家相对成熟的建筑能效标识制度，在我国现有制度中，无论是《绿色建筑评价标准》（GB/T 50378—2014）还是《建筑能效标识技术标准》（JGJ/T 288—2012），虽然注重区分建筑气候区域，但都没有明确地对新建建筑和既有建筑做出区分。例如，欧盟在《欧盟建筑能源性能指令》（2002/91/EC）中规定，建筑节能证书要区别对待新建建筑、既有建筑以及不同类型的建筑，要综合考虑建筑寿命、室内环境及建筑功能特征等因素，以防止出现负面影响。而我国虽然已经意识到严格管控新建建筑、改进既有建筑节能性能的重要性，并探索制定系列标准和文件，但都较零散，缺乏可操作性。

表 8-9 欧盟建筑节能证书中针对新建建筑与既有建筑的适用规定

项目	内容
新建建筑	对于使用面积超过 1000 m² 的新建建筑，成员国在施工前要考虑各环节节能环保技术的应用，并进行技术、环境和经济可行性分析，确保新建建筑达到能耗性能的最低要求
既有建筑	对使用面积超过 1000m² 的既有建筑进行重大改造时，成员国要采取必要的措施确保在技术、功能和经济可行的范围内提高建筑能效，达到最低能耗标准的要求。最低能耗标准可以针对整体建筑物确定，也可以针对改造的系统或者某些需要在一定期限内改造的部分确定，但目的都是全面提高建筑能效

资料来源：《欧盟建筑能源性能指令》(2002/91/EC)。

表 8-10 新建建筑准入标准

	阶段	节能标准或规定
新建建筑	规划设计阶段	《公共建筑节能设计标准》(GB 50189—2005) 《夏热冬暖地区居住建筑节能设计标准》(JGJ 75—2012) 《严寒和寒冷地区居住建筑节能设计标准》(JGJ 26—2010)
	建设阶段	《建筑工程绿色施工评价标准》(GB/T 50640—2010) 《采暖居住建筑节能检测标准》(JGJ 132—2001) 《居住建筑节能检验标准》(JGJ/T 132—2009)
	审批阶段	《新建建筑节能设计审查专项规定管理办法》

表 8-11 我国关于既有建筑节能的部分文件或通知

生成日期	文件或通知	制定部门
2006.12	《既有建筑幕墙安全维护管理办法》	住建部
2007.04	《关于加强既有建筑装修、改扩建质量安全监督管理的通知》	住建部
2008.05	《关于推进北方采暖地区既有居住建筑供热计量及节能改造工作的实施意见》	住建部 财政部
2010.05	《村镇宜居型住宅技术推广目录》 《既有建筑节能改造技术推广目录》	住建部
2011.01	《关于进一步深入开展北方采暖地区既有居住建筑供热计量及节能改造工作的通知》	住建部 财政部
2012.01	《既有居住建筑节能改造指南》	住建部
2012.04	《关于推进夏热冬冷地区既有居住建筑节能改造的实施意见》	住建部 财政部

续表8－11

生成日期	文件或通知	制定部门
2012.12	《夏热冬冷地区既有居住建筑节能改造技术导则（试行）》	住建部

资料来源：根据住建部官网汇总。

第五，建筑能效标识制度相关监管不力。其一，管理部门单一。建筑领域的标识制度由住建部完全主导，标准的制定与更新、测评机构的审核指定、监督与惩罚机制等都由住建部负责，而国家发展和改革委员会、国家市场监督管理总局与国家认证认可监督管理委员会三部委主导的全国范围的能效标识制度也缺乏沟通协调，这也是至今建筑能效标识制度仍不具备全国影响力的重要原因。其二，测评机构权威性和能力受质疑。目前，根据《民用建筑能效测评机构管理暂行办法》，无论是绿色建筑评价机构还是民用建筑能效测评机构，都是由住建部指定并审核三星级建筑的测评机构；各省市地方政府负责指定本地区一星级和二星级测评机构。由于国家级、省级测评机构多是建筑科学研究院，加之性质多为事业单位，行政色彩较浓，其权威性和测评能力受到一定质疑。

表 8－12　我国国家级民用建筑能效测评机构

地区	民用建筑能效测评机构
华北区	中国建筑科学研究院
东北区	辽宁省建设科学研究院
西南区	四川省建筑科学研究院
华东区	上海市建筑科学研究院
华南区	深圳市建筑科学研究院
中南区	河南省建筑科学研究院
西北区	陕西省建筑科学研究院

（资料来源：住建部官网）

8.3 中国建筑能效标识制度的优化措施

8.3.1 管理制度的优化

一是将建筑领域产品纳入《中华人民共和国实行能源效率标识的产品目录》(以下简称《目录》),依照《能效标识管理办法》进行管理。目前,《目录》仅包括传统家电产品、工业设备、照明设备、商用及办公设备等,并没有涉及建筑领域产品。建筑相关标识管理由住建部负责,未纳入能效标识制度体系,带来了管理上的分散和标准上的混乱,不利于能效标识的发展,需要纳入统一的管理体系。因此,需要结合国外经验与我国具体情况,推动建筑领域产品纳入统一管理体系,进行严格监管。

二是制定并推广强制性建筑能效标识制度。一方面,目前我国正在推行的民用建筑能效测评标识制度、绿色建筑评价标识制度、绿色建材评价标识制度在内容方面有重叠,且未构成完整体系,协调性较差;另一方面,现有的三大建筑能效标识制度均为自愿性标准,缺乏强制约束力及严厉的惩罚措施,导致其在实施过程中地域差别较大,申请实施的建筑物数量在建筑物总数中占比极低,节能效果不佳。因此,为了加强制度实施力度,提升建筑节能效果,应在现有制度的基础上进行整合,推出一套体系完整、具有强制性的建筑能效标识制度,并优先在民用建筑中进行试点推广,再逐步扩展到其他建筑领域。

三是强制性建筑能效标识制度与自愿性高标准附加能效"领跑者"标识的能效标识制度相结合。制定和推行强制性建筑能效标识制度的同时,在实施效果较好的地区率先鼓励企业加入自愿性高标准能效标识制度附加能效"领跑者"标识。自愿性高标准能效标识制度附加"领跑者"标识包含三个要点:企业已经拥有一定节能技术、自愿加入"领跑者"标识评估、在建筑节能方面具有领先优势。强制性与自愿性能效标识制度相结合,有利于完善我国现有建筑能效标识制度,提高执行效率和影响力。

四是国家发展和改革委员会、市场监督管理总局、认证认可监督管理委员会三部委与住建部建立协调机制。国家发展和改革委员会和国家市场监督管理总局是能效标识的主要管理机构,以部委令的方式发布《能源效率标识管理办法》;国家市场监督管理总局的产品质量监督司还会针对纳入《目录》的所有产品进行监督检查和专项监督检查[①]；国家认证认可监督管理委员会同发展和改革委员会与市场监督管理总局共同组织制定《目录》和不同产品的能效标识实施规则，负责能效标识管理制度的建立并组织实施。三部委共同承担能效标识制度的运行工作，各司其职，共同发力保证《目录》内产品的能效标识制度能够得到有效推广和实施，并获得较好的节能效果。然而，我国现行的民用建筑能效测评标识制度、绿色建筑评价标识制度、绿色建材评价标识制度只由住建部主导制定、管理、推行，使建筑领域相关能效标识制度难以推广。因此，迫切需要住建部与国家发展和改革委员会、国家市场监督管理总局、国家认证认可监督管理委员会相互协调，提高强制性建筑能效标识制度的执行力度和认证监管效果。

8.3.2　建筑能效标识制度适用范围的扩展

一是分阶段扩展建筑能效标识制度。实施新建建筑和既有建筑区别对待的政策。新建建筑相较于既有建筑更容易进行评估，也更利于监督管理，因此，应优先对新建建筑推行入门级建筑能效标识制度，并强制要求新建建筑按照相关标准进行建设，达到节能标准后获取节能标识，才能在市场交易。针对既有建筑，以奖励形式鼓励其进行节能改造，从源头上保证能效标识制度的正常运行和节能减排工作的顺利开展，提升我国整体建筑能效水平。

二是分地区扩展建筑能效标识制度。从我国绿色建筑评价标识制度和民用建筑能效测评标识制度的实施结果来看，建筑项目绝大部分集中在沿海地区，内陆地区项目数量偏少。结合我国地区经济发展不平衡的现状，一方面在沿海地区和一线城市率先推行建筑能效标识制度，逐步提高先行地区建筑能效标准，做好先行区示范工程；另一方面，放宽对乡村地区的限制，在首批试验期内暂时放宽乡村自建自住建筑能效标准，将主要精力集中在市场流通的民用建筑领域。在技术逐步成熟、标准逐步规范、体系逐步完善的情况下，再不断扩展建筑类型和扩大约束地区。

三是分领域扩展建筑能效标识制度。目前，无论是民用建筑能效测评标识制度还是绿色建筑评价标识制度，都明确指出其适用范围为民用建筑，并没有将工业建筑等其他建筑类型包含在内。我国建筑业涉及面广、体量大，很难在

---

① 王若虹．国家实施能效标识四年以来所取得的成效总结及下阶段工作安排［J］．日用电器，2009（4）：25－27.

初期大范围强制执行建筑能效标识制度。目前，我国民用建筑领域耗能高、涉及面积广，且前期已经推行过建筑能效测评标识制度，具有一定的公众接受度和技术基础，因此可以优先在民用建筑领域推行强制性能效标识制度，再逐步推广至工业建筑领域。

8.3.3 运行机制的优化

一是引入第三方测评机构。测评机制不仅关系到能效标识制度的顺利实施，还直接决定消费者对建筑能效标识的认可程度，因此公平、合理、完整、高效的测评体系是能效标识制度实施的关键。例如，欧盟为了确保其建筑节能证书制度顺利实施，规定必须由独立专家和有资质的专业人员对建筑物进行评估①。又如，德国的建筑物能耗认证证书项目、美国的“能源之星”建筑节能标识制度等，都是通过第三方测评机构进行测评。当前，我国建筑能效测评多由国家指定的建筑设计院，或者由地方政府指定的相关机构进行，在人员专业素养及机构中立性方面存在较大争议，无法完全获得市场信任。因此，我国应借鉴欧盟及美国等经验，培养建筑能效方面的专业测评人才，鼓励能独立完成测试、评估、公示的第三方测评机构的建立，完善我国的建筑能效测评机制。

二是导入激励机制。建筑能效标识制度的完善还需要政府相关政策的支持，特别是经济政策的支持。首先是节能补贴政策，在一定时期内以价格补贴、财政贴息或税收支出等方式对节能建筑建造商或消费者进行无偿的补助和发放津贴，激发建造商对节能环保技术的投入以及消费者对于能效产品的需求，最终达到节能环保的目的。其次是财税政策支持，在税收方面，给予节能建筑开发商减税政策，加强事前扶持与事后扶持相互协调，加强税基式减免；在财政支出政策方面，加大对技术创新的政策支持力度，激励建筑开发商采用节能技术和环保材料，促进能效标准和能效产品产量的进一步提高，推动我国能效标准与能效产品与国际社会的接轨。

8.3.4 监管机制的强化

首先，强化行政监管机制。明确规定市场取得建筑能效标识的标准是提高

① 饶蕾，李传忠．欧盟建筑节能证书制度对我国的启示［J］．四川大学学报（哲学社会科学版），2015（6）：86－94.

监管力度的首要条件。例如，欧盟能效标识制度的监管特点就是通过对指令和标准的不断细化来推进各国对能效标识制度实施的监管。当前，我国建筑能效标识的行政监管工作通常由中央和地方两级负责，中央负责统筹全局，协调部署、监督检查具体政策；地方能效监管部门主要负责监管政策的执行情况以及效果分析等，但是，地方实施还存在政策制度与实际操作脱节的问题，需要再进一步完善行政监管机制，细化标准。

其次，引入市场监管力量。政府监督并不能实现对建筑能效标识制度的全面监督，还需引入市场监督力量。这主要因为能效标识制度依托于市场机制，具有接受市场消费者的检验和监督、激励市场主体改良技术、阻隔高耗能建筑在市场流通等特点，需要与市场需求保持紧密联系。因此，为了维持市场公平竞争环境、保证市场中流通商品的质量和品质，需要建立由企业监督与行业协会监督相结合的市场监管机制。例如，欧盟建筑节能行业协会通过定期出版关于企业产品能效标识目录的刊物，列出企业的产品能效数据，撤销已被证明不符合能效标准的产品等，在能效标识制度实施过程中起着非常重要的作用。因此，我国应积极借鉴欧盟的行业监督机制，加强我国建筑能效标识制度实施的行业监督。

最后，结合社会监督力量。行政监督和行业监督虽然专业高效，但仍存在局限性，不能实现对建筑能效标识制度的全面监督，因此，需要社会监督力量进行补充。目前，社会监督最常见的两种形式就是媒体监督与消费者反馈两种形式。媒体监督是通过针对性报道引发社会关注，向社会传递建筑企业节能信息和绿色建筑的重要性，以媒体的舆论力量打击不良商家的欺诈行为，加强对消费者的保护；消费者反馈是消费者作为能效标识的最终使用者，既影响建筑市场发展方向，又能激励建筑商提升节能技术，是一种重要的社会监督力量。因此，政府、建筑商和测评机构应积极鼓励并配合公众监督，给予公众反馈与建议的平台，并给提出合理的意见和建议的公众一定的奖励，以激发消费者参与监督、反馈的主动性和积极性。

第9章 优化中国能效标识制度的影响分析

为应对气候变化，全球新协定、新政策竞相出台。继《京都议定书》后，第二份具有法律效力的协定《巴黎协定》于2016年11月正式生效。瑞士、美国以及欧盟各国纷纷向《联合国气候变化框架公约》秘书处正式提交了国家自主贡献文件，对2020年之后的减排目标和任务做出安排。我国作为主要缔约方，同时又是碳排放大国，也积极承担着减排任务，不仅提交了国家自主贡献文件，承诺到2030年，我国单位国内生产总值二氧化碳排放量比2005年下降60%～65%；还专项制定了《“十三五”控制温室气体排放工作方案》，设定了2020年单位工业增加值二氧化碳排放量比2015年下降22%的减排目标[①]。可预见，各国将采取更为严格的措施来推动减排目标的实现。

当前，国际社会主要通过两大途径来应对气候变化，一是不改变原有经济模式，多方位采取措施降低温室气体排放量；二是彻底改变传统资源型发展模式，转变为技术型发展模式，并大力实施清洁生产。以欧盟及美国、日本为代表的经济发达的地区和国家，在研究开发清洁能源的同时，把科学、完善的能效标识制度的建立与有效实施作为节能减排的重要举措，并取得了卓越的成效。特别是日本，早在1998年就开始实施能效“领跑者”制度，以倒逼日本制造业，推进节能型家电、汽车等产品的研发和规模化生产，取得了较好成效。如今，能效标识制度作为节能减排的主要工具，在世界各国得到广泛应用。

我国经过二十多年的经济高速增长后步入稳定增长时期，开始重视制造业高能耗、高污染问题，能效标识政策受到越来越多的关注。但我国能效标识制度的健全与实施的状况，滞后于当前社会经济可持续发展战略转型的进程。因此，优化我国能效标识制度迫切且意义重大。

---

① 国务院.《国务院关于印发十三五控制温室气体排放工作方案的通知》.2016年10月27日.

9.1　增强企业绿色竞争力

绿色竞争力是基于环境保护、绿色贸易和企业可持续发展的现实而提出的概念，包括绿色技术、绿色文化、绿色生产、绿色管理体系等。迈克尔·波特在《竞争论》里指出，“妥善设计的环保标准有助于引发，降低产品的总成本或提高产品的价值。……进而提高资源生产力，使得企业更有竞争力。”[①] 可见，完善的能效标识制度能通过市场作用激励企业加强节能技术创新和技术改造，从而生产更多、更好的高能效产品，以在新一轮低碳市场竞争中立于不败之地。

9.1.1　促进绿色技术的创新和推广运用

产品是企业完成利润目标的载体，技术则是决定产品性能的关键因素。随着能效标识产品覆盖范围迅速扩展，消费者能通过商品能效标签清楚地识别出产品能耗高低，并以此作为购买决策的重要考虑因素。试想，当市场存在足够多可替代产品并且这些产品价格差异不大时，消费者显然更愿意选择低能耗、低排放的绿色产品。这样一来，企业如果要实现利润目标就必须迎合市场需求，创新研发低碳技术以生产出消费者需要的低能耗产品。

优化能效标识制度，助推企业创新研发绿色技术。随着消费者对低碳产品了解加深，对节能环保产品需求上升，现有落后技术逐渐被淘汰，绿色生产技术将成为市场新宠。在这种情况下，有研发实力的企业应优先加快环境友好型和低耗节能型技术的创新研发，并逐步用新技术替代旧技术，从而满足市场需求，在新一轮低碳经济竞争格局下抢占制高点。例如，海尔集团一直将绿色节能视为其重要发展战略，为了满足全球消费者对低能耗产品的需求，联合美国陶氏化学推出日耗电量仅 0.19 的四季节能冰箱，比市场上已知的节能冰箱节电 20%[②]。对于缺乏研发实力的企业，为了符合国家能效标识制度的相关规定，满足消费者对绿色产品的需求，应积极寻求外部技术支援，采用外包或者

① 迈克尔·波特．竞争伦［M］．北京：中信出版社，2012.

② 海尔推“四季节能冰箱”日耗电 0.19 度全球最低［EB/OL］.［2011－02－14］. http：//icebox.ea3w.com/25/253056.html.

合资的形式购买绿色技术和新型生产设备，完成高能耗、高污染向低能耗、低污染生产方式的转变，以在市场竞争中寻得立足之地。

优化能效标识制度，促进绿色技术大范围推广应用。需求催生供给，随着制造业对低碳生产技术的需求不断加大，企业开始重视自主研发或寻求外部研究机构合作，低碳技术研究成果的产业化受到越来越多的关注。受市场激励，研究机构集结多方专业人才创新研究低碳生产技术，并借助市场机制将研究成果转化为产品价值，使得很多绿色技术能够对接市场需求，从纯研究领域进入生产流通领域。例如，2013 年国家节能中心委托中节能咨询有限公司开展“基于市场机制的节能技术推广路径和政策研究项目”，旨在分析当前节能技术市场化推广中存在的问题，并筛选出市场所需要的节能新技术、新产品，把筛选出的具有成长潜力和发展空间的节能新技术、新产品尽快推向市场，推动新技术尽快产业化，新产品尽快商品化。

9.1.2　提高中国出口产品的绿色竞争力

气候变化和金融危机双重压力促使欧盟以及美国等积极发展低碳经济作为经济复苏点。它们一方面加大对绿色技术和产品的投入力度，推动传统制造业向低碳化、节能化转型，抢占新一轮低碳经济竞争的制高点；另一方面以环境保护为由，通过设定能耗和排放标准，限制以中国为主的国家向其出口高能耗产品。其中，以中国家电产品出口欧盟最为典型。欧盟通过设定家电产品能源使用效率标准，对我国家电出口构筑起绿色壁垒。在此背景下，优化能源标识制度是引导我国家电企业推进节能技术研发和应用，重获国际竞争力的重要举措。

首先，能效标识制度通过量化标准，使企业认识到绿色生产的重要性。低碳经济逐步成为国际新经济增长点后，部分大型出口制造企业开始关注到欧盟以及日本等对绿色产品的重视，并将绿色转型作为企业发展战略的重要目标之一；但相当数量的中小型企业没有机会接触国际市场，对绿色技术和绿色产品知之甚少，或是因眼前利益而忽视绿色转型升级的重要性，沿用以往粗放式的高耗能生产模式。这时，能效标识制度通过对产品能效进行定级，与国际低碳潮流保持同步，有助于大型企业找到更为本土化的量化标准，也使中小企业重视绿色技术，提高产品节能环保标准。在市场导向作用下，企业能充分认识到绿色生产对保持出口市场份额的重要性，能有意识地关注并准确量化产品从研发、制造到产品流通的耗能情况，能了解到绿色技术对减少污染、降低消耗和改善生态的重要性，从而逐步改变以往粗放式的生产方式，试图在包装、标识和性能等多方面比竞争对手拥有更多差异化的绿色优势，从而提高出口产品的竞争力。

其次，能效标识制度通过市场作用，倒逼企业进行绿色转型。从出口市场角度来看，欧盟对外实施绿色技术标准，提高了耗能产品的准入门槛，低成本已经不足以支持我国耗能产品在国际市场上占据优势。随着消费者绿色消费意识的不断增强，他们在购买商品时不仅会考虑商品的价格，还会考虑节能环保等因素，绿色产品更受消费者青睐。在这样的市场格局下，实施能效标识制度可以引导企业增效减耗、节能减排，推动企业对传统产品进行升级换代，使出口产品能够达到欧盟等的绿色技术要求，确保出口市场少受影响。从技术改造角度来看，能效标识制度倒逼企业研发技术以支持产品向低碳节能升级。实施并优化能效标识制度，有利于促进企业关注产品的低碳节能性，在技术上满足出口产品能耗指标，维持出口市场的占有率。我国耗能产品应重视绿色设计和生产，顺应国际市场的绿色走向，不能仅仅保持低价策略，还需提高产品的技术指标，将绿色理念融入产品的设计、生产、销售等各个方面，利用提高耗能产品质量的方式，跨越国际绿色壁垒。

最后，能效标识制度引导消费者的选择，促使企业将环保理念付诸实践。能效标识制度通过将产品的性能信息标识明确地展示在消费者面前，方便他们快速、准确地比较各个产品的能耗情况，引导其做出节能低碳消费的选择。这一制度遵循了低碳经济的发展规律，并使低能耗产品的市场需求量不断增加，其运作方式充分调动了企业技术创新、产品升级的积极性。特别是随着经济水平的提升，消费者对产品的节能性、环保性有了新的认识，绿色产品逐步成为新的消费热点。据联合国统计司调查显示，欧美国家的绝大部分消费者（德国90％、美国89％、荷兰84％）在购物时会考虑消费品的环保标准[①]。现阶段，我国不少家电企业已经有了构建绿色企业的意识，逐步认识到节能低碳产品的重要性，开始重视绿色产品的设计和生产，顺应国际市场的绿色走向，在尽量保持低价策略的同时提高自身产品的技术指标，将绿色理念融入产品的设计、生产、销售等各个方面，制造出既符合我国能效标准，也能达到国外能效标准的产品，顺利跨越国际市场的绿色壁垒，维持并拓宽了出口产品的国际市场。

---

① 杨晓东，郭红莲．中国特色农业现代化道路探讨——以陕西省榆林市现代特色农业发展为例[J]．中国市场，2010（46）：19－37.

9.2 促进中国经济绿色发展

改革开放以来，我国工业经济依靠较为低廉的能源、劳动力等生产要素投入，实现了经济大幅增长的目标。但是随着全球变暖问题严峻、生产要素约束条件增加，如何在经济新常态下实现可持续发展成为一大难题。为了使能源投入和碳排放增长与经济发展脱钩，十八大指出要协调推进经济发展与资源节约型、环境友好型社会建设。十八届三中全会在《中共中央关于全面深化改革若干重大问题的决定》中确立了我国深化经济体制改革的目标，要求“加快转变经济发展方式，加快建设创新型国家，推动经济更有效率、更加公平、更可持续发展”。能效标识制度作为市场化节能降耗工具，通过加强对耗能产品能源使用效率的监管，推动“三高”产业的治理和转型，助力我国经济结构升级战略，最终实现经济的绿色发展。

9.2.1 带动中国“三高”产业的治理和转型

“三高”产业是指高排放、高能耗和高污染的产业，主要包括钢铁、水泥、造纸和玻璃等制造业。随着节能减排任务加重和能效标识制度不断完善、优化，“三高”产业生产的产品将面临更为严格的监管和约束。为了稳定市场占有率，“三高”产业只能从上游工艺设计、材料采购到生产技术，再到下游的销售反馈，全面关注节能环保，提高能效，降低能耗，减少排放，实现生产方式由高污染、高排放、高耗能向低碳、节能、增效转型，使生产经营活动对环境的负面影响尽可能减到最小，同时使资源的利用效率达到最高。

能效标识制度促使“三高”产业对上游工艺设计、材料采购提出更高的节能要求。从设计方面来看，“三高”产业若想实现低碳转型，生产出受市场欢迎的低能耗产品，就必然要对工艺设计提出更高要求，在选择工艺方案时，对造成环境影响的因素加以重点考虑，制作多个备选工艺方案，对比各个方案的工艺成本和污染处理费用等支出，选择最合适的方案。从采购方面来看，“三高”企业要优先选择可再生材料，特别是可回收、低能耗、无毒、少污染、无腐蚀性的材料，并与供应商进行密切合作，以确保其提供的材料能满足节能产品的生产需要。例如，欧盟大多汽车、建筑企业通过欧洲钢铁技术平台与欧盟钢铁企业进行充分沟通，以便让钢铁企业为其量身定做符合市场需求的产品，同时协力完成节能减排的任务。

能效标识制度引导“三高”产业关注市场需求，提升产品节能性。能效标识制度通过统一的产品目录、实施规则、技术标准、标识样式和规格，真实地反映产品能耗高低，避免传统市场上节能产品良莠不齐、难辨真假的问题出现，使得消费者对低碳节能产品的需求能够准确反映在营业数据上。“三高”产业如果继续沿用以往的生产方式，久而久之，高能耗产品不再能满足消费者对节能产品的需求，绝大部分企业销售业绩下滑，甚至不得不退出市场。因此，从市场需求角度来看，能效标识制度通过标明产品的性能帮助消费者了解产品能耗信息，引导他们选择更为节能环保的产品，通过市场机制再将低碳需求传递给生产者，激励制造商注重提升产品节能性，开发更为高效低耗的产品，改变以往的“三高”形象。

能效标识制度倒逼“三高”产业研发低碳技术，降低产品能耗。能效标识制度针对“三高”产业，在制造、使用、回收过程中对能源使用的效率以及其他与环境相关的指标进行严格的等级分类，能效等级越高的产品对能源的使用率越高，对节约能源、保护环境做出的贡献也越大。在市场作用下，“三高”产业不得不从最关键的生产环节出发，研发应用低碳技术，对已有的生产线进行技术改造，以确保生产出更为节能环保的产品，从而在根本上解决产品能耗问题，提高市场占有率。

9.2.2　推动中国经济结构升级战略的实施

金融危机后，全球经济疲软，为了重振制造业竞争力，德国率先提出“工业 4.0”概念，此后美国、日本等发达国家也纷纷制定工业复兴计划。面对当前复杂的国际经济环境，我国出台《中国制造 2025》，提出将大力发展先进制造业，改造提升传统产业作为重点任务。技术创新是企业从过去的简单数量增长向质量提升转变的重要一环。完善和优化能效标识制度，有助于推动传统工业利用绿色技术进行改造升级，有助于促进更多以低碳为主题的服务机构发展，有助于构建科技含量高、资源消耗低、环境污染少的产业结构。

一是通过市场力量淘汰落后产能。能效标识制度通过市场作用，筛选保留低碳节能产品，逐步淘汰高排放、高能耗产品。在市场竞争中，不能与时俱进，无法满足市场低碳需求的落后产能会逐渐被淘汰，高污染、高耗能和高排放企业慢慢退出市场。据统计，2011 年至 2014 年，我国累计淘汰落后炼钢产能 7700 万吨、水泥 6 亿吨、平板玻璃 1.5 亿重量箱，提前一年完成了“十二五”期间淘汰落后产能任务①。可预见，在能效标识制度不断完善的情况下，围绕节能降耗主题，推动传统制造业向科技含量高、环境污染小、能源消耗低的方向进行改造，从国际产业链的中低端向高端迈进，提升产业的绿色竞争力，将是未来制造业的发展趋势。

二是挖掘新的经济增长点。能效标识制度的扩展和优化，可以引导社会关注绿色设计和服务，挖掘出以绿色发展为主题的经济增长点。例如，能效标识制度引导企业和社会开始关注低碳技术，特别是市场上较受欢迎的水泥粉磨高效节能技术、垃圾节能环保处理技术、高效节能电机技术等。这样一来，提供这些技术的研发机构和技术外包服务机构等将会快速发展起来，成为新的经济增长点。此外，在能效标识制度的引导下，消费者对节能产品的识别能力越来越强，对低碳产品的需求也越来越大，由此引申的绿色设计、绿色咨询、绿色金融等新兴服务业也将发展壮大。低碳服务业的发展，为优化发展第三产业提供了有力支撑，并直接影响着我国的产业结构升级和调整，引领着经济向绿色、低碳方向持续增长。

三是提供高质量的市场环境。随着能效标识制度的不断推广，落实程度的不断加深，绿色消费观念必将深入人心，更多人从以价格为消费主要衡量标准逐渐向高质量的“享受型”消费过渡，逐渐优化的消费结构对我国经济结构提出更高要求。自 2005 年能效标识制度实施以来，经多方力量努力推动，纳入监管范围的产品越来越多，消费者对节能低碳产品的辨识能力也越来越强。据中科院统计显示，2005—2015 年，约 2 亿台办公室设备、超过千万台商用设备、近百亿支照明产品，以及近 18 亿个贴有能效标识的家电产品被消费者接纳②，能效标识逐渐成为消费者购买决策的一个重要参考。随着消费者对环保、低能耗产品需求的加大，市场机制将需求传递给企业，激励企业进行技术改造，生产环保节能、高标准、高质量的产品。

9.3 提升中国在全球气候变化治理中的形象

全球气候变化是当今人类面临的共同挑战，国际社会纷纷为治理气候变化

---

① 国家发展和改革委员会．《中国应对气候变化的政策与行动 2015 年度报告》．

② 于昊．能效标识制度：国家使命，十年初成——访中国标准化研究兼院长兼总工程师李爱仙[J]．电器，2015 (6)：20-22.

问题制定行动计划和行动目标。从 1997 年《京都议定书》的签订，到 2016 年《巴黎协定》的生效，以欧盟为代表的低碳主流力量，积极推动各种国际性减排协定的制定和实施，并承担着严格的减排任务。美国也积极参与《巴黎协定》并提交国家自主贡献文件，对 2020 年之后的减排目标和任务做出安排。日本在 1998 年开始实施能效“领跑者”制度，全面提升产品质量和能效指标。在新一轮国际低碳竞争中，我国抢抓机遇，提升在全球气候变化治理中的形象，积极改变以往高能耗、高污染的生产状况。优化能效标识制度，对于节能降耗、减少温室气体排放发挥着关键性的作用，对我国参与全球气候变化治理、提升国际形象有十分重要的意义。

能效标识制度通过节能降耗以实现温室气体减排目标，成为我国兑现低碳承诺的载体。我国可以积极参加全球层面的气候行动，主动制定减排计划，充分展示我国负责任、敢担当的大国形象。值得一提的是，2015 年我国向《联合国气候变化框架公约》秘书处正式递交了中国新的减排贡献，以 2005 年为基准年，碳排放量在 2030 年下降 60%～65%。[①] 通过实施和完善能效标识制度等一系列节能减排措施，我国在提高能源利用效率和低碳减排方面取得了可观的成效。2014 年，我国单位国内生产总值能耗相比 2005 年下降了 29.9%，二氧化碳排放量比 2005 年下降了 33.8%[②]，充分体现了我国进行节能减排的决心和执行力度，受到国际社会的一致好评，极大地提升了我国在全球气候变化治理中的重要地位。

能效标识制度以市场机制为基础，可以有效降低温室气体排放量。一方面，能效标识制度作为市场化减排工具，以实践成效展示了它对于降低温室气体排放量的重要作用。据中国标准化研究院提供的数据，我国自 2005 年 3 月 1 日起正式实施能效标识制度至 2015 年，共有 12 批 5 大类 33 种产品被纳入能效标识目录范围，备案企业数量为 9000 多家，备案产品型号达 61 万个之多，其中节能产品型号占比约为 62%，为节能减排做出了积极贡献[③]。另一方面，通过优化能效标识制度，有助于更深层次、更大范围地发挥其节能减排作用。中国标准化研究院概括了能效标识制度下一步的发展方向，主要包括扩大

① 中国国家自主贡献：碳强度下降 60%～65%［EB/OL］.［2015－12－08］. http://news.hexun.com/2015－12－08/181045604.html.

② 《巴黎协定》今天正式生效，将建立全国统一碳排放权交易市场［EB/OL］.［2016－11－04］. http://www.guancha.cn/global－news/2016_11_04_379470.shtml.

③ 于昊. 能效标识制度：国家使命，十年初成——访中国标准化研究院兼院长兼总工程师李爱仙［J］. 电器，2015（6）：20－22.

实施范围、完善监管体系、夯实技术支撑等，其中，引入新的能效标识管理制度将成为重点。此外，2016 年中国能效标识信息码已经正式实施，消费者可以通过扫描二维码了解产品的更多信息。可以预见，低碳节能产品将成为市场需求的主导力量，对降低温室气体排放量起到重要作用。

推广能效标识制度，以加快淘汰高耗能产品，遏制全球变暖。能效标识制度的核心就是提高能源利用率，其结果就是实现节能减排。在我国推进能效标识制度的过程中，很多高耗能产品因达不到标准而被市场淘汰。例如，在 2010 年《平板电视能效限定值及能效等级》（GB 24850—2010）发布之前，许多厂商为占领未来市场提前淘汰了高能耗电视；2013 年国家发展和改革委员会发布了家电新能效标准，平板电视、洗衣机等五大类家电执行新能效标准，意味着新一批的节能产品又将取代旧一批的高能耗产品。又如，2015 年国家标准委员会发布新修订的《家用电冰箱耗电量限定值及能效等级》（GB 12021.2—2015），对能效要求更为严格。有业内人士估计，未来 10 年，大部分高耗能冰箱将被淘汰，全国新增家电电冰箱累计节电量预计为 1180 亿度[①]，碳排放量也随之降低。

总之，随着低碳经济逐渐成为世界发展趋势，参考欧盟以及美国、日本的能效标识制度，与国际低碳政策接轨，对我国能效标识制度的优化具有重要作用。从企业角度来看，能效标识制度能帮助其发现自身问题，积极研发和应用低碳技术，增加产品的绿色竞争力，跨越绿色壁垒。从国家角度来看，能效标识制度是带动我国“三高”产业治理和转型的重要方案，并且会推动我国经济结构战略升级。在能效标识制度的规范作用下，企业能源使用效率得到提高，碳排放量大幅减少，有效遏制了温室效应的恶化，提升了我国在全球气候变化治理中的形象。

① 冰箱能效新标准明年实施，此时买不买关键看需求［EB/OL］．［2015－10－30］．http://dzb.jmrb.com:8080/jmrb/html/2015－10/30/content_419039.htm.

第 10 章　结论与建议

10.1　结论

随着我国经济的发展，资源短缺与环境恶变愈发明显。能源利用率不高等问题，不仅使经济发展受到制约，而且使环境污染加重，节能减排压力增加。本书旨在通过研究我国能效标识制度的完善、优化和发展，寻求有效提高我国能源利用效率的途径，以达到节能减排的目的，使我国经济发展摆脱高能耗、高污染，朝着低碳经济的方向发展，从而推进我国生态文明建设。

本书在系统地阐述建立能效标识制度理论依据的基础上，通过对欧盟及美国、日本能效标识制度的研究，分析了发达国家运用能效标识制度提高能效、降低能耗、减少排放的经验，对其如何利用能效标识制度优势在能效标识的宣传推广、强制使用和自愿执行更高标准等方面的先进经验进行了梳理，并探究了其运行模式和监管机制。本书对美国的“能源之星”和日本的“领跑者”制度进行了详细分析，从中提取了可以用于改进我国现有能效标识制度的经验。另外，本书还重点研究了欧盟的建筑节能证书制度，探讨了欧盟经验对我国健全建筑能效标识制度的意义，发表了阶段性研究成果。

本书全面梳理了我国能效标识制度的发展历史，分析了现有能效标识制度的基本特点、存在的问题及其原因，分别对我国家用电器与设备能效标识制度的优化、汽车能效标识制度的优化以及建筑能效标识制度的健全和优化进行了论述，对完善和优化我国能效标识制度的影响进行了分析，得出了以下结论。

第一，完善和优化我国能效标识制度的最终目的是建立覆盖全社会的经济、高效运行的能效标识制度，实现我国经济低碳化、绿色化和可持续发展。

第二，可以借鉴欧盟及美国、日本的有效运行的能效标识制度在我国的推广实施。美国的“能源之星”、日本的“领跑者”制度，对我国能效标识制度的优化有较大的作用。欧盟的建筑节能证书制度则对我国健全和优化建筑能效标识制度具有重大的启示。

第三，我国现行家用电器与设备能效标识制度是有效的，其覆盖范围正在逐步扩大，若在能效测评体系、制度的实施和监督管理等环节加以完善，在宣传推广、市场反馈以及国际合作等方面进行优化，则运行效果更佳。

第四，我国现行汽车能效标识使用的是汽车燃料消耗量标识，表述准确、专业性较强，但对没有专业知识的普通消费者而言，普适性较弱，因此，有必要对其进行优化，以更简单、易于理解的方式，提供科学、准确、可供比较的能效信息，使普通消费者更能接受和理解，最终用划分等级的方式向消费者提供能效信息。

第五，《中华人民共和国实行能源效率标识的产品目录》并没有涉及建筑领域，我国建筑能效标识制度并未完全建立。住房和城乡建设部推出的民用建筑能效测评标识、绿色建筑评价标识和绿色建材评价标识，都局限于建筑行业内部规范，且是自愿性的，对社会的影响程度不大。我国有必要建立健全建筑能效标识制度，尽快制定强制性建筑能效标识制度，并辅以自愿性高标准的建筑能效标识制度。

10.2 建议

我国处于经济快速发展的关键时期，但在这一过程中存在一系列问题，如能源短缺、环境破坏、大气污染等。本书研究能效标识制度，一方面，要求生产者生产的产品必须达到能效标准后才能面市；另一方面，通过不同渠道向公众提供产品能效信息，让消费者能够第一时间了解这些信息，同时要通过宣传教育以及适当的经济手段引导消费者进行绿色消费，由此倒逼企业逐步淘汰高耗能产品，不断进行技术创新，推出高能效产品，以满足市场需求。这样一来，不仅节约了资源，还能达到降低排放、保护环境的目的，促使企业从高能耗、高排放的粗放型生产模式向绿色、低碳、环保型生产模式转变。

要健全和优化我国能效标识制度。它是目前实施我国节能政策的一种方便快捷、可操作性强的政策工具。通过信息管理的方式，协调经济发展与高效使用能源资源以及节能减排、保护环境等各个方面的关系，使生产的环境外部性得以控制，符合我国走绿色、低碳、可持续的经济增长道路。鉴于目前我国能效标识制度覆盖面不够广泛，有必要尽快落实《国务院关于加强节能工作的决定》中提出的“加快实施强制性能效标识制度，扩大能效标识在家用电器、电动机、汽车和建筑上的应用”，以及《国务院关于印发节能减排综合性工作方案的通知》明确提出的“实施建筑能效专项测评”的工作任务，扩展能效标识制度覆盖范围，使其从现在的家用电器与设备、工业照明等领域扩展到汽车以及建筑领域，形成一个较为完善的能效标识制度体系。

在我国，能效标识制度开始于家用电器领域。从《中华人民共和国实行能源效率标识的产品目录（第一批）》（以下简称《目录》）包含的房间空气调节器和家用电冰箱两类产品，到《中华人民共和国实行能源效率标识的产品目录（第十四批）》，我国能效标识制度逐渐成熟。完善我国能效标识制度的一项重要内容是纳入更多产品类别，在此过程中，有必要对强制性和自愿性能效标识的粘贴进行区分，可将我国目前家用电器与设备以及工业照明等领域的能效标准设为市场准入标准，针对达标者，应强制粘贴能效标识，这样才能进入市场销售。将强制性能效标识制度作为市场准入的“通行证”，使能效观念深入生产、销售的各个环节，从而保证市场上耗能产品的基本能效水平。同时，鼓励企业进行技术创新，生产更高能效的产品，针对高水平的节能产品，通过实施能效“领跑者”制度，企业可以自愿申请粘贴附加能效“领跑者”符号的能效标识，这样，不仅会得到更多的优惠政策和财政扶持，而且能提升企业形象，获得更多的市场认可和更丰厚的利润回报。

我国现行汽车能效标识制度的优化，要重点考虑广大民众的接受程度。将现行专业性较强的汽车燃料消耗量标识，用简单易懂的能效等级方式表达，增加其普适性，以提高市场接受程度，是需要重点关注的，若能辅以碳排放的数值，则更能体现环境保护的理念，对我国的节能减排和环境保护有直接帮助。我国目前列入《目录》的强制性粘贴能效标识的产品未包含汽车，因此，要逐步将汽车产品分批次纳入《目录》，并逐步从轻型乘用车扩展到其他类型车辆。

目前最需要关注的是我国亟待健全和优化的建筑能效标识制度。我国建筑行业快速发展，建筑业在国民经济中占有重要地位，建筑行业节能工作具有巨大空间，我国应尽快完善强制性建筑能效标识制度，对住房和城乡建设部实施的民用建筑能效测评标识制度、绿色建筑评价标识制度和绿色建材评价标识制度进行归纳整理，将建筑领域产品纳入《目录》。要将符合我国国情的强制性能效标识制度与自愿性能效标识制度相结合，对建筑能效标识制度的实施落实到位，鼓励和发挥发达地区在提高建筑能效方面的带头作用，保护和支持建筑行业能效技术的提高和创新。

要使我国建筑能效标识制度行之有效且具有可操作性，可以考虑从新建建筑开始实施能效标识制度。以 2013 年开始实施的《建筑能效标识技术标准》为基础，首先建立强制性新建建筑能效的市场准入标准，保证新建建筑都能达到基本能效标准，未获得能效标识的新建建筑不能在市面出售、出租。同时，针对高能效新建建筑建立自愿性能效“领跑者”制度，对达到要求的新建建筑颁发包含“领跑者”标志的建筑能效标识，从而为消费者选择房屋提供可靠的能效信息，引导消费者购买高能效、绿色环保型建筑，也可以激励建筑业采取措施提高建筑能效。

针对既有建筑，则不适合采用一刀切的方式进行强制性能效标识制度，可以通过提供补贴等经济措施，引导房主自愿进行节能改造。凡达到基本能效标准的，可以颁发能效标识，使其在市场流通中具有节能环保的有利条件，从而有利于出售或出租。

对能效标准的测评和升级更新，也需改进。随着技术的创新和进步，耗能产品的能效水平不断提高，若不及时更新能效标准，将阻碍能效技术的发展，因此，需要建立能效标准定期复审制度，使能效标准的升级与技术进步和产品更新换代同步进行。

监管是能效标识制度有效执行的重要环节，我国于 2016 年 6 月 1 日开始实施的《能源效率标识管理办法》大大加强了监督管理和惩罚力度，能效不合格产品将依据《中华人民共和国产品质量法》《中华人民共和国进出口商品检验法》的规定予以处罚。《能源效率标识管理办法》仍需进一步改进，如针对能效检测，建议以第三方检测机构的能效检测结果为准，对企业自有实验室的测试结果，应由第三方检测机构进行复审合格后才有效；对出具虚假能效检测报告的机构应予以更严厉的惩罚措施，情节严重者应取消从业资格；对能效信息、企业信用、市场反馈和消费者意见等信息的公开、透明需进一步加强。可以考虑建立专门的数据库，将相关能效信息向社会公开，并提供平台让消费者能方便、快捷地查询信息和反馈意见。

我国应加大对提高能效水平的宣传教育力度，大力推广能效标识，让大众意识到提高能效是利国利民的一件大事，是改善环境和实现可持续发展的核心，要在保障经济发展的同时，保护环境，节约资源，这就必须要增效降耗、减少排放。这不仅是国家的发展战略问题，还涉及我国在全球治理尤其是全球气候变化治理中的形象提升问题，也是关系每一个公民生存环境和生活质量的重大问题。因此，有必要让全民参与，共同努力，将提高能效、节能减排、低碳发展的观念融入人民生活的方方面面。

参考文献

[1] 曹宁，王若虹. 中国能效标识制度实施概况［J］. 制冷与空调，2009（1）：9.

[2] 曹宁，夏玉娟. 中日能效标准标识制度浅析比较［J］. 中国能源，2010，32（2）：42－46.

[3] 曹云峰. 我国建筑能效测评与绿色建筑标识［J］. 认证技术，2013（9）：46－47.

[4] 陈海嵩. 日本能源法律制度及其对我国的启示［J］. 金陵科技学院学报（社会科学版），2009，23（1）：49－53.

[5] 陈可思，盛韩萍，陈艺轩，等. 私人汽车拥有量与二手车市场发展［J］. 市场研究，2016（8）：10－12.

[6] 程杰，骆静文. 基于建筑能效标识数据的研究与分析［J］，建筑科学，2015（12）：97－103.

[7] 储德银. 鼓励自主创新的财税政策研究［J］. 技术经济，2006，25（5）：81－84.

[8] 党化. 建筑业国民经济中的支柱地位分析［J］. 中国外资，2012（6）：172－173.

[9] 邓海滨，廖进中，廖娟. 绿色壁垒对我国家电出口的影响——基于欧盟市场的考察［J］. 统计与决策，2010（6）：130－132.

[10] 房勤英，杨杰. 建筑能效测评标识制度运行机制研究［J］. 价值工程，2012，31（8）：53－54.

[11] 丰艳萍. 既有公共建筑节能激励政策研究［D］. 北京：北京交通大学，2012.

[12] 冯华. 怎样实现可持续发展——中国可持续发展思想和实现机制研究［D］. 上海：复旦大学，2004.

[13] 郭伟，陈曦. 中国建筑节能技术标准体系现状研究［J］. 建筑节能，2013

(9)：61-65.
[14] 郭燕. 环境侵权的民事救济法律问题研究 [D]. 成都：四川社会科学院，2010.
[15] 郝斌，刘幼农. 节能“星”标志——我国颁发首批民用建筑能效测评等级证书：试行民用建筑能效测评标识制度 [J]. 建设科技，2009 (12)：8-11.
[16] 郝新东. 中美能源消费结构问题研究 [D]. 武汉：武汉大学，2013.
[17] 何文强. 中国能源效率区域差异的实证分析 [D]. 南昌：江西财经大学，2009.
[18] 何云福. 能效标识违法查处的三种情形分析 [J]. 中国质量技术监督，2012 (4)：24-25.
[19] 胡鞍钢. 中国崛起呼唤全球能源治理新格局 [J]. 国情报告，2007 (10)：601-613.
[20] 黄乐. 欧盟能源效率政策研究及启示 [D]. 北京：华北电力大学，2012.
[21] 黄晓宏. 我国能源节约的立法研究 [D]. 重庆：重庆大学，2006.
[22] 姜波，刘长滨. 国外建筑节能管理制度体系研究 [J]. 生产力研究，2011 (2)：101-103.
[23] 康雪娟. 福建省新型城镇化能源标准体系框架构建研究 [J]. 质量技术监督研究，2016 (1)：18-21.
[24] 兰兵. 中美建筑节能设计标准比较研究 [D]. 武汉：华中科技大学，2014.
[25] 李慧凤. 西方资源环境经济理论评介 [J]. 商业时代，2006 (33)：12-13.
[26] 李龙熙. 对可持续发展理论的诠释与解析 [J]. 行政与法，2005 (1)：3-7.
[27] 李世祥. 能源效率战略与促进国家能源安全研究 [J]. 中国地质大学学报(社会科学版)，2010 (3)：47-50.
[28] 李晓丹，齐佳，凌越. 北京市商业流通领域引入“领跑者”制度的思考与建议 [J]. 中国能源，2014，36 (7)：36-38.
[29] 刘芃岩. 环境保护概率 [M]. 北京：化学工业出版社，2011.
[30] 刘拓. 十年能效标识千秋绿色梦想 [J]. 关注，2014 (10)：42-43.
[31] 刘小丽. 日本新国家能源战略及对我国的启示 [J]. 中国能源，2006，28 (11)：18-22
[32] 路宏伟. 推行建筑能效测评标识制度 强化建筑节能闭合监管力度 [J]. 江

苏建筑，2012（4）：114－117.
[33] 迈克尔・波特. 竞争论 [D]. 北京：中信出版社，2012.
[34] 牛文元. 中国可持续发展的理论与实践 [J]. 中国科学院院刊，2012，3（5）：280－290.
[35] 彭妍妍，张新，林翎，等. 中国能效标识制度实施框架和历程 [J]. 制冷与空调，2016（1）：70－71.
[36] 钱俊生. 科技新概念 [M]. 北京：中共中央党校出版社，2004.
[37] 饶蕾，李传忠. 欧盟建筑节能证书制度对我国的启示 [J]. 四川大学学报（哲学社会科学版），2015（6）：86－94.
[38] 任力. 低碳经济与中国经济可持续发展 [J]. 社会科学家，2009（2）：47－50.
[39] 沈念俊，郭杨. 民用建筑能效测评标识制度的建立与发展 [J]. 安徽建筑，2010（3）：20－21.
[40] 苏菲. 能效标识迈进信息共享时代 [J]. 制冷与空调，2016，16（5）：101.
[41] 孙霓，杨柳. 进出口产品能源效率标识的检验监管 [J]. 中国计量，2011（7）：75－76.
[42] 孙萍，宋琳琳. 我国建筑节能政策研究述评 [J]. 山西大学学报（哲学社会科学版），2011，34（3）：8－12.
[43] 王楚钧. 节能服务产业培育的政策与法律制度研究 [D]. 太原：山西财经大学，2011.
[44] 王会玲. 美国"能源之星"对办公设备的能效要求及应对措施 [J]. 质量与认证，2016（9）：72－73.
[45] 王建华. 我国能源消费、能源效率与经济增长关系的实证研究 [D]. 哈尔滨：哈尔滨工业大学，2008.
[46] 王玲，田稳苓，马士宾，等. 住宅建筑能耗评估与能效标识制度及其运行机制的研究 [J]. 建筑科学，2008，24（6）：1－8.
[47] 王庆一. 中国的能源效率及国际比较（上）[J]. 节能与环保，2003（9）：11－14.
[48] 王文革，汪文鹏，董向农. 论完善中国能效标识制度的对策 [J]. 环境科学与技术，2009（6）：181－184.
[49] 王星，郭汉丁，陶凯，等. 国内外既有建筑节能改造市场发展激励路径研究及实践探析 [J]. 科技与产业，2016（2）：46－52.
[50] 王志轩. 分析我国建筑业对国民经济的贡献 [J]. 城市建设理论研究，

2011 (23).
[51] 夏玉娟，田建伟，吴能旺. 能效标识深入实施推动行业快速发展 [J]. 制冷与空调，2016，16 (1)：72-75.
[52] 邢继臣. 能效标识产品违法行为的认定及处理 [J]. 中国质量技术监督，2011 (8)：28-29.
[53] 徐伟，邹瑜，吕晓辰，等.《民用建筑能效测评标识技术导则》解读 [J]. 建设科技，2009 (12)：18-20.
[54] 晏艳阳，宋美喆. 我国能源利用效率影响因素分析 [J]. 软科学，2011 (6)：28-31.
[55] 杨晓东，郭红莲. 中国特色农业现代化道路探讨——以陕西省榆林市现代特色农业发展为例 [J]. 中国市场，2010 (46)：19-37.
[56] 尹波. 建筑能效标识管理研究 [D]. 天津：天津大学，2006.
[57] 尹洪毅，宋银初. 浅析我国企业绿色竞争力的构建与整合 [J]. 经管空间，2012 (20)：41-42，44.
[58] 于佳，张磊. 居住建筑节能评价与建筑能效标识研究 [J]. 建筑技术，2016，47 (12)：1124-1126.
[59] 曾延光，李明. 欧盟对电冰箱等四种家电产品的新能源标识规定 [J]. 家电科技，2011 (5)：58-60.
[60] 张超. 农村环境污染防治规划理论及实证研究 [D]. 开封：河南大学，2010.
[61] 张瑞. 环境规制、能源生产力与中国经济增长 [D]. 重庆：重庆大学，2013.
[62] 张业民，张凯. 我国建筑节能现状与民用建筑能效测评 [J]. 沈阳大学学报（自然科学版)，2015 (2)：155-158.
[63] 张哲，张峰，王立舟. 美国用能产品能效技术法规体系及其特点 [J]. 节能与环保，2010 (8)：18-20.
[64] 张中芳，李晓勇. 全球建筑能效标识制度的发展 [J]. 制冷与空调，2014 (1)：9-12.
[65] 张卓，申立根，刘长斌，等. 中国建筑节能激励政策历史沿革及有效性分析 [J]. 现代商业，2012 (22)：52-54.
[66] 张卓元. 深化改革，推进粗放型经济增长方式转变 [J] . 经济研究，2005 (11) ：4-9.
[67] 赵惠珍，程飞，金玲，等. 2013 年建筑业发展统计分析 [J]. 工程管理学

报，2014（3）：1－10.
[68] 郑江绥. 能源效率及其测度指标体系研究 [J]. 求索，2010（8）：11－13.
[69] 钟鸣. DSM 项目能效标识测评体系及应用 [C] //中国通信学会普及与教育工作委员会. 2012 年电力通信管理暨智能电网通信技术论坛论文集. 2012.
[70] 周蓉. 绿色经济与低碳转型 [J]. 经济研究，2014（11）：102－110.
[71] 朱培武，蒋建平. 我国用能产品能效标准及标识现状研究 [J]. 家电科技，2010（9）：52－53.
[72] 朱晓勤. 我国能效标识制度：反思与借鉴 [J]. 中国青年政治学院学报，2008，27（1）：97－102.
[73] 邹浩. 实现绿色发展的低碳经济之路 [J]. 学术交流，2016（3）：110－114.
[74] Abhijit B，Barry D，Solo M. Eco-labeling for Energy Efficiency and Sustainability：a Meta-evaluation of US Programs [J]. Energy Policy，2003（31）：109－123.
[75] Afi A，Lorna H，Mike R. A Study of Homeowners' Energy Efficiency Improvements and the Impact of the Energy Performance Certificate [R]. EU-China Workshop Certification Schemes for Energy Performance of Buildings in Europe and China，2010.
[76] Aleksandra A. Energy Performance Certificates（EPC）across the EU. Mapping of national approaches [EB/OL]. [2014－10－30]. http://www.buildup. eu/en/news/energy-performance-certificates-epc-across-eu-mapping-national-approaches.
[77] Alice D，Carmo P L，Delly O F，et al. Energy efficiency labeling program for buildings in Brazil compared to the United States' and Portugal's [J]. Renewable and Sustainable Energy Reviews，2016（66）：207－219.
[78] Australian Department of the Environment，Water，Heritage and the Arts. Energy Effiency Rating and House Prices in the ACT [EB/OL]. [2013－05－26]. https：//ww. buildingrating. org/document/energy-efficiency-rating-and-house-price-act.
[79] Beerepoot W. Energy Policy Instruments and Technical Change in the Residential Building Sector [M]. Delft：Delft University Press，2007.
[80] Constantinescu D T. Energy Performance Certicates across Europe From

design to implementation [M]. Brussels: Buildings Performance Institute Europe (BPIE), 2010.

[81] David O W, Christopher D C, Kimberly L J, et al. Factors influencing willingness-to-pay for the ENERGY STAR label [J]. Energy Policy, 2011 (39): 1450-1458.

[82] Dinan T, Miranowski J. Estimating the Implicit Price of Energy Efficiency Improvements in the Residential Housing Market: a Hedonic Approach [J]. Journal of Urban Economics, 1989, 25 (1): 52-67.

[83] Dirk B, Nils K. On the Economics of Energy Labels in the Housing Market [J]. Journal of Environmental Economics and Management, 2011 (62): 166.

[84] Emmanouil M, Stamatis B, Soteris K, et al. Energy Labelling and Ecodesign of Solar Thermal Products: Opportunities, Challenges and Problematic Implementation Aspects [J]. Renewable Energy, 2017 (101): 728-736.

[85] European Commission (DG Energy). Energy Performance Certificates in Buildings and Their Impact on Transaction Prices and Rents in Selected EU Countries [EB/OL]. [2013-04-19]. http://www.docin.com/p-1393005665.html.

[86] European Commission. Report from the Commission to the European Parliament and the Council—Financial Support for Energy Efficiency in Buildings [EB/OL]. [2012-07-17]. http://citeseerx.ist.psu.edu/viewdoc/download? doi=10.1.1.259.9621&rep=rep1&type=pdf.

[87] European Council for an Energy Efficient Economy. Successful EPC Schemes in Two Member States: an Eceee Case Study [J]. Eceee, 2008, 1 (12): 1-12.

[88] Fatih B, Jan H K. Prices, Technology Development and the Rebound Effect [J]. Energy Policy, 2000 (28): 457-469.

[89] Feng D, Benjamin K S, Khuong M V. The Barriers to Energy Efficiency in China: Assessing Household Electricity Savings and Consumer Behavior in Liaoning Province [J]. Energy Policy, 2010 (38): 1202-1209.

[90] Franz F, McAllister P. Does Energy Efficiency Matter to Home-Buyers? An Investigation of EPC Ratings and Transaction Prices in England [J].

Energy Economics, 2015 (48): 145—156.

[91] Gene M G, Alan B K. Economic Growth and the Environment [J]. Nber Working Paper, 1994, 110 (2): 353—377.

[92] Geoff K. Sustainability at Home: Policy Measures for Energy-efficient Appliances [J]. Renewable and Sustainable Energy Reviews , 2012 (16): 6851—6860.

[93] Guo M, Philip A S, Zhang J D. Chinese Consumer Attitudes Towards Energy Saving: The Case of Household Electrical Appliances in Chongqing [J]. Energy Policy, 2013 (56): 591—602.

[94] Halvorsen R, Palmquist R. The Interpretation of Dummy Variable Sinse Milogarithmic Equations [J]. American Economic Association, 1980, 70 (3): 474.

[95] Hermann A. The Impact of Energy Performance Certificates: A Survey of German Home Owners [J]. Energy Policy, 2012 (46): 4—14.

[96] Jian M, Fengfu Y, Zhenyu L, et al. The Eco-design and Green Manufacturing of a Refrigerator [J]. Procedia Environmental Sciences, 2012 (16) : 522—529.

[97] Jing T, Suiran Y. Implementation of Energy Efficiency Standards of Household Refrigerator/Freezer in China: Potential Environmental and Economic Impacts [J]. Applied Energy, 2011 (88): 1890—1905.

[98] Joana M. Energy Efficiency Policies in Buildings—The Use of Financial Instruments at Member State Level [M]. Brussels: Buildings Performance Institute Europe (BPIE), 2012.

[99] Joe K. European Commission Calls for Revamped Renewables Plan [J]. Energy Efficiency Labeling, 2015, 38 (15): 117—132.

[100] Ju Y, Park. Is There a Price Premium for Energy Efficiency Labels? Evidence from the Introduction of a Label in Korea [J]. Energy Economics, 2017 (62): 240—247.

[101] Karen F V, Gary H J. What is Driving China's Decline in Energy Intensity [J]. Resource and Energy Economics, 2004 (26): 77—97.

[102] Katharina S, Wüstenhagen R. The Influence of Eco-labeling on Consumer Behavior-results of a Discrete Choice Analysis for Washing Machines [J]. Business Strategy and the Environment, 2006 (15):

185—199.

[103] Kok N, Jennen M. The Impact of Energy Labels and Accessibility on Office Rents [J]. Energy Policy, 2012 (46): 489—497.

[104] Kraus F. Policy and strategy of energy efficiency [J]. Proceedings of the International Workshop on Building Energy Efficiency Policy, 2006: 111—131.

[105] Marina E. Europe's Buildings Under The Microscopea—A Country-by-Country Review of the Energy Performance of Buildings [M]. Brussels: Buildings Performance Institute Europe (BPIE), 2011.

[106] Martin W, Martin K P, Martin J, et al. Analyzing Price and Efficiency Dynamics of Large Appliances with the Experience Curve Approach [J]. Energy Policy, 2010 (38): 770—783.

[107] Mason C F. An Economic Model of Eco-labeling [J]. Environmental Modeling and Assessment, 2006 (11): 131—143.

[108] Mason C F. Eco-labeling and Market Equilibria with Noisy Certification Tests [J]. Environmental and Resource Economics, 2011 (48): 537—560.

[109] Mattoo A, Singh H V. Eco-Labelling: Policy Considerations [J]. Kyklos, 1994 (47): 53—65.

[110] McNeil M A, Letschert V E. Modeling Diffusion of Electrical Appliances in the Residential Sector [J]. Energy and Buildings, 2010 (42): 783—790.

[111] Melissa H, Richard D. Weather Sensitivity in Household Appliance Energy End-use [J]. Energy and Buildings, 2004 (36): 161—174.

[112] Michael A, Mc N, Wei F, et al. Energy Efficiency Outlook in China's Urban Buildings Sector Through 2030 [J]. Energy Policy, 2016 (97): 532—539.

[113] Michele F, Veridiana A S, Vinícius C C L, et al. Building Energy Efficiency: An Overview of the Brazilian Residential Labeling Scheme [J]. Renewable and Sustainable Energy Reviews, 2016 (65): 1216—1231.

[114] Ottmar E, Carlo C J. Power Shifts: the Dynamics of Energy Efficiency [J]. Energy Economics, 1998 (20): 513—537.

[115] Sanstad A H, Howarth R B. "Normal" Markets, Market Imperfections and Energy Efficiency [J]. Energy Policy, 1994 (22): 811—818.

[116] Shen J Y, Tatsuyoshi S. Does an Energy Efficiency Label Alter Consumers' Purchasing Decisions? A Latent Class Approach Based on a Stated Choice Experiment in Shanghai [J]. Journal of Environmental Management, 2009 (90): 3561-3573.

[117] Stephen W, McMahon J E. Governments should Implement Energy-efficiency Standards and Labels—Cautiously [J]. Energy Policy, 2003 (31): 1403-1415.

[118] Thomsen K E, Kim B. Implementing the Energy Performance of Buildings Directive-Featuring Country Reports [R]. EU: EPBDCA, 2010.

[119] Trzaski A, Rucinska J. Energy Labeling of Windows-Possibilities and Limitations [J]. Solar Energy, 2015, 120 (10): 158-174.

[120] Zhan L Y, Ju M T, Liu J P. Improvement of China Energy Label System to Promote Sustainable Energy Consumption [J]. Energy Procedia, 2011 (5): 2308-2315.

后记

在 2016 年的最后一天，我们这一课题的研究报告终于完成了。

匆匆三年过去，我们团队中一届又一届的研究生毕业，但他们并未离开课题组。大家为课题付出了多少辛劳，为完成这份研究报告牺牲了多少个休息日，我们已经数不清楚。作为课题负责人，我想深深地感谢团队中的每一位队友。从课题的策划、讨论、申请，到前期执行收集资料和撰写书稿，再到后来大幅修改和补充，直到最终完稿，先后参加课题组研究工作的研究生包括周佳慧、杨雯萱、卢晓曦、朱江华、韩光、张丹、李世芳、何余、郭军杰和夏子玉。特别感谢邵庆龙、曹双双和王泪娟，在毕业离校数年后，在课题报告需要进行大幅调整、补充和修改的艰难时刻，毅然回归团队，与我们共同努力完成了课题。

我要感谢徐桂兰老师和王茜老师，以及瑞典乌普萨拉大学经济系李传忠老师，在课题的执行过程中，你们的智慧和贡献的建议对课题的完成有极大的帮助。我还要感谢魏楚老师及其团队——中国人民大学经济学院中国家庭能源消费调查组无私地分享给我们第一手调查数据，为我们顺利完成实证研究奠定了坚实的基础。我要特别感谢严丰老师在课题报告大修时给予的支持和帮助，谢谢你陪着我熬更守夜，仔细推敲每一个章节的调整、标题的拟定、相关内容的措辞等细节，没有你的大力协作和贡献，这份课题报告就难以完成。最后，我还要感谢我的家人，在课题执行的日子里，你们给了我强大的精神鼓励，支撑着我走过那些艰难的时日，走过午夜的黑暗和凌晨两点的无眠。

现在，课题虽已完成，成果亦将出版，但依然希望能得到各方专家学者的批评和建议，我们将继续努力把这项研究深入下去，力争做出更多、更完善的研究成果。同时，作为一名教师，我也希望能为这一领域的研究培养出更多的青年学者。

四川大学经济学院　饶蕾

2019 年 5 月